U0004579

Juices and Smoothies

蔬果汁與冰沙事典

176 種蔬果汁、奶昔、冰沙、調酒的製作
與相關知識全攻略

蘇珊娜・奧立佛（Suzannah Olivier）——著
喬安娜・費洛（Joanna Farrow）——食譜
康文馨——譯

晨星出版

備註

所有食譜，只提供公制計量單位，且使用標準杯和湯匙作為測量單位。

標準湯匙和杯子的測量法是一平匙或一平杯。

1 茶匙＝ 5ml，1 湯匙＝ 15ml，1 杯＝ 250ml

除非特別聲明，蛋應使用中等大小的蛋。

建議幼童、老年人、病患與免疫系統功能不全者，不要飲用含生雞蛋的飲品。

使用果汁機或食物調理機碎冰前，務必閱讀使用說明書。

目錄

序

近幾年非常流行蔬果汁、牛奶果汁、奶昔和綜合飲品，它們巧妙地融入令人疲累的現代生活中，讓你把健康習慣帶入日常生活裡。蔬果汁和牛奶果汁的好處是製作簡單、迅速、便利，且是令人恢復精神、具療效，並重建生命力的營養品。最重要的是，它們很美味，一杯奢華的綜合飲品，可讓人覺得享受了一頓豐富的晚餐。

製作蔬果汁的好處

你可以買到現成的蔬果汁和牛奶果汁，但是總沒有自己做的那麼好喝。現做蔬果汁含有較多營養，且某些組合對健康特別有好處。如果你經常飲用蔬果汁或綜合飲品，你的皮膚會較光滑、精力較旺盛，而且整體健康狀況較好。眾所皆知，假如一起食用蔬菜水果，它們所含的抗氧化物會運作得最有效率，飲用蔬果汁就是有這個好處。

正如煮飯一樣，混合一些不同的蔬果汁，能加強某些特別的口味或效果——甜和酸、香和辣、溫和涼——但

▲各種新鮮的蔬果可以在幾分鐘內被攪打成富含營養的飲料。

比起傳統食物，蔬果汁的製作更具冒險性。蔬菜或水果的汁液，嚐起來比被煮過或生食的味道更可口。例如，你可能不喜歡吃芹菜，可是把它打成汁，再加入梨子和薑，就會得到截然不同、更繁複且美味的口感。

即使你喜歡天馬行空地加入各種食材，例如巧克力、酒精或咖啡，但事實上，蔬果汁或牛奶果汁是以新鮮蔬果為原料，那意味著你仍可攝取到豐富的維生素、抗氧化物與礦物質，這些都是很健康的東西。

製作蔬果汁和綜合飲品，還有一個心理上的好處，因為在製作同時，你會覺得很舒服——像是正在滋養寵愛自己——此外，因為使用很多新鮮自然的原料，更可以增進自己與家人的健康。你可從蔬果汁和牛奶果汁中，創造與分享很多樂趣，可以鼓勵孩子發明新口味並參與製作，也可以和朋友一起享用，以取代咖啡。

◀讓孩子們參與製作，並看著他們有所收穫。

蔬果汁與綜合飲品的歷史

早在十九世紀時，醫生和自然療法治療師就以新鮮蔬菜水果增進病患的健康，很多知名的先驅找出我們現在所熟知的蔬果汁療效的知識與證據。如凱洛格醫生（Dr. kellogg）、尼伯神父（Father Kniepp）、馬克·伯契班那醫生（Dr. Max Bircher-Bener）以及馬克·葛森醫生（Dr. Max Gerson），都對推廣「蔬果汁療法」的觀念有重大貢獻。

然而證據顯示，比這些更早之前，就有人製作葡萄酒與蘋果酒。他們萃取新鮮蔬果汁，將其發酵成酒作為保存天然食品的方法。而且在當時，因為水常常被污染，所以喝酒比喝水安全。一些食物的療效也被希波克拉提斯認可，他說：「讓食物作為你的藥品吧。」真的，自從遠古時代，食物、水和藥草就成為醫療技術的基礎。

現代對於製作綜合飲品和牛奶果汁的觀念，大約始於雞尾酒這類混合飲料；然而健康意識高漲，非酒精類的蔬果汁和綜合飲品一向都是酒類之外的另一項選擇。

我們正經歷一種變革，那就是：我們要以何種方式參與自身的健康管理。吃出健康的觀念再度出現，取代了依賴現成的食物及速食的想法——我們最熟悉的觀念就是一天要吃五種蔬菜水果。在步調快速的現代社會裡，要做到這一點，有個簡便的方法，那就是讓健康飲料成為容易製作的點心，如迅速完成的早餐與精力湯。有了先進的廚房器具，如果汁機、食物調理機和果菜機，使得綜合飲品和蔬果汁的製作變得快速且容易。

▲生的食材可被拿來打汁，以供給維持健康所需維生素與礦物質。

近年來，我們越來越喜愛以自然方法增進健康——這模仿了幾世紀前熱心先驅們的想法與做法。蔬果汁和綜合飲品除了有促進健康的功效外，也被用於特殊的治療與解毒，用於幫助疾病迅速痊癒，也是抗老化的食物療法。有個學派主張蔬果汁可抗癌，但這個說法尚未經過證實。然而，現打的新鮮蔬果汁含有很多必要的維生素與礦物質，對維持生命健康是不可或缺的。

要找到某樣東西既有益健康又美味，還能成為日常生活的樂趣並不容易。或許這就是蔬果汁、綜合飲品、牛奶果汁和奶昔能歷久不衰的原因吧。

◀製作果汁的過程，就如同飲用它們一樣，是件快樂的事。

製作蔬果汁與
綜合飲品的藝術

找出每種飲料最適用的器具，完善地搭配各種材料，
並發掘從中攝取最多營養的方式。

器具

　　要成功製作蔬果汁與綜合飲品，會需要一些基本器具。或許你已經有幾樣工具了，如柳丁機或果汁機，但還有一些特殊用具，能讓你的工作更簡單、快速而有趣。

離心力果菜機

　　這種機器有許多不同的設計型式，它們是最便宜的電動果菜機，大部分的蔬果汁，用這種機器製作已經綽綽有餘。它們有個果肉收集盒，以便放置榨過的水果纖維和果肉殘渣，有些機器連著水瓶，方便收集蔬果汁。有些則需以分開的水瓶或玻璃杯放在壺嘴下方收集蔬果汁。離心力果菜機的運作方式，是把蔬果磨得細細的，再高速旋轉，從果肉分離出蔬果汁。果菜機則可用來擷取硬質蔬果的汁液，如胡蘿蔔和蘋果，也可用於葉菜類榨汁。

果菜榨汁機

　　這是種比離心力果菜機更高科技的產品，售價也較高。它不是把物品切絲，而是精細地剁碎物品，並使果肉經過濾網，以分離出蔬果汁。無論是電動或手動的，果菜榨汁機能比離心力果菜機製造出更多蔬果汁。且因為榨汁方式不同，它所榨出的蔬果汁裡含較多的活性酵素。除了用果菜榨汁機打蔬果汁外，也可以用它來做可口的堅果醬或以冷凍水果做冰淇淋，或是健康的嬰兒食品。有些果菜榨汁機搭配附件，可以把穀類磨成粉。

▲離心力果菜機（左）和果菜榨汁機（右）。

購買指南

　　當你決定要購買器具時，要想想你打算製作什麼東西。你比較喜歡牛奶果汁呢？或蔬菜汁是你的優先選擇呢？

　　果菜機最適合硬質水果，如胡蘿蔔、蘋果和綠色蔬菜葉；但不適用於軟質水果，如香蕉和芒果，它們只會塞住機器，還榨不出汁。另一方面，果汁機最適合軟質水果，並可保留所有纖維質。購買前，問問自己下列的問題：

- 這台機器容易放入蔬果嗎？
- 如果要大量製作，這台機器辦得到嗎？會留下多少殘渣？
- 會不會有不易清洗的死角？圓形容器通常最易清洗。
- 這台機器容易組裝及拆開嗎？
- 有任何易壞零件嗎？並確認可拆零件在必要時容易替換維修。
- 這台機器附有裝蔬果汁的容器嗎？或是你必須另外準備容器來裝？
- 這台機器有沒有透明的容器或蓋子，讓你能看到裡面的狀況？
- 馬達的動力適合你用嗎？有些是雙速馬達，有些只有單速，你必須決定自己需要哪一種。
- 你需要碎冰嗎？如果需要，確認一下這台機器有沒有這功能。

食物調理機

　　這種多功能的機器由一個主要的調理缽和許多配件組成，有些配件在購買時就有附，有些則要另外購買。以製作蔬果汁來說，最重要的配件有：

- 一支強力攪拌刀，以攪打中等硬度或軟質水果與蔬菜。
- 一台離心力果菜機配件，這可讓你的食物調理機變身果菜機，雖然不如專用的果菜機有效，但若你不常打果汁，且收納空間不大，那麼這會是不錯的選擇。
- 一個柑橙榨汁器
- 打蛋或奶油的攪拌配件
- 碎冰配件

▲你的食物調理機需要一支強力的攪拌刀，以攪打較硬的水果。

果汁機

　　這種機器的外觀有一個塑膠或玻璃容器，置於內裝馬達的底座上，容器內還有一個動力攪拌刀。果汁機最適合處理軟質水果，如香蕉、桃子和莓果，你可以加入一些液體，如水、牛奶或果汁，就能做出美味的牛奶果汁和奶昔。有些果汁機甚至還可以碎冰。

◀果汁機可把軟質水果攪打成美味的牛奶果汁和奶昔。

柳丁機

　　柳丁機有三種，電動的可以把柑橙汁擷取到容器中。手動液壓壓榨器，能把柑橙汁擠到容器內。手動扭轉榨汁器，則以底下的容器盛取果汁，頂端收集果籽。柳丁機可用於各種柑橙類水果，但你可能偶爾會想用果汁機、食物調理機或果菜機取代，這樣才能保留纖維與果肉。

▲手動柑橙榨汁器，可過濾籽並收集果汁。

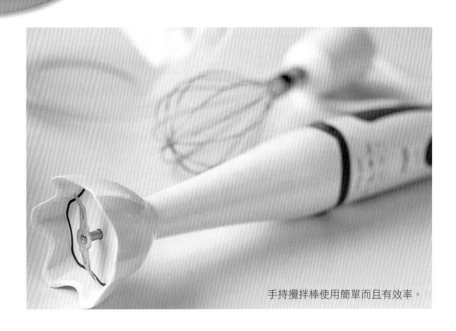

手持攪拌棒使用簡單而且有效率。

電動攪拌棒

　　這種手持的電動攪拌棒適合簡易的攪拌之用，有些機型附有許多攪打蔬果和揮打攪拌奶油的配件，使用電動攪拌棒時需要一個深盆或深瓶（有時附帶作為配件）。如果你經常攪打東西，雖然打蛋器也能把軟質水果、液體、糖漿或粉狀物攪打得很好，但比較實際的做法還是選購一台適合的攪拌器。這些配件可用來打發鮮奶油，製作食物上層的鮮奶裝飾。

其他有用的器具

砧板

　　買一塊放得下大量蔬菜水果的大砧板，塑膠砧板比木砧板容易保持清潔。清洗時，要以洗潔精用力刷洗，再放著自然風乾──因為如果用布擦乾，常會造成二度污染。為避免污染，可使用二塊砧板，一塊用來切生水果、蔬菜和麵包，另一塊則用來切肉。

蔬菜刷

　　用一把堅固的刷子刷掉蔬菜上的髒污，特別是根類蔬菜，這樣就不用削皮。

柑橙刮皮刀

　　當你要磨碎柑橙類水果皮，好摻入果汁或綜合飲品，以加強風味時，柑橙刮皮刀特別好用。柑橙刮皮刀頂端的一排孔洞能刮出柑橙皮外層的薄薄碎屑，而不會把帶有苦味的內層也一起刮下。

刨絲刀

　　這種工具有牙齒般的刀片，能把果皮刮成條狀或絲狀，也有結合柑橙刮皮刀及刨絲刀的工具。

▲柑橙刮皮刀和刨絲刀是很有用處的工具。

▲要使用銳利的好刀，來做蔬果削皮切剁的工作。
▼保持砧板清潔無菌，是很重要的。

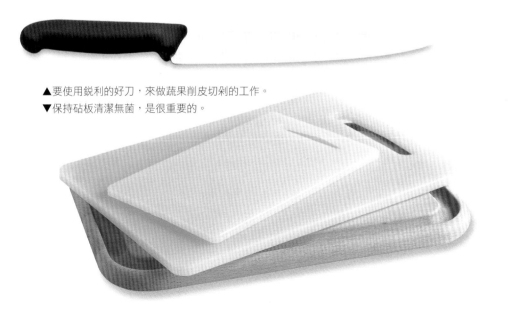

蘋果去心器

這種工具能讓你快速把蘋果或梨子去心，以備攪打用。將管子末端對準果心，用力下壓再輕輕扭轉，就能拉出果心並去籽。但如果把蘋果或梨子放入果菜機裡，就不需要去除果心。

利刃

要確定你的刀子很銳利，因為這容易切剁且兼顧安全。

塑膠刮刀

這種刮刀便於將濃稠的綜合飲品從果汁機或食物調理機裡倒出，而且塑膠也不會刮壞器具。

櫻桃去籽器

這種工具可以快速將櫻桃挖洞去籽。它有個放櫻桃的缽，缽有個洞，當櫻桃被擠壓時，籽就會從那個洞掉出來。

甜瓜挖球器

把這種工具小又圓的挖杓插入果肉裡並扭轉，就可取出球狀果肉。

量杯

有玻璃或塑膠量杯，也有各種尺寸。量杯的標示刻度必須清楚不易脫落，才方便使用，買個大一點的量杯會更方便。

濾網篩漏杓

當要濾掉果汁中的籽，給容易大驚小怪的孩子們喝時，篩子就很好用。若是你想喝更順口的蔬果汁，也可用濾網過濾。

蔬菜削皮刀

準備根莖類蔬菜，如馬鈴薯或紅蘿蔔時，會需要一把堅固的蔬菜削皮刀。市面上有兩種型態的蔬菜削皮刀：直式刀刃或旋轉式刀刃，你可以先試用兩者，再選擇最適合的，這樣工作才會更順手。

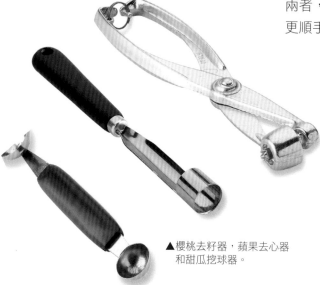

▲櫻桃去籽器，蘋果去心器和甜瓜挖球器。

▲蔬菜削皮刀有很多不同樣式。

▼要量取精確的用量，必須使用整組量杯和量匙。

▼篩子可用來過濾濃稠的綜合飲品，或除去較大的種子。

▼冰淇淋挖杓有各種不同的形狀和樣式。

冰淇淋挖杓

這類挖杓用來挖取冰淇淋、冷凍優格或果汁雪綿冰，在製作奶昔或牛奶果汁時很好用。它們有多種選擇，有帶著光滑金屬把手的半月型不銹鋼挖杓、帶著合金把手，或方便拿握的塑膠把手的普通湯匙型挖杓，或是帶有可以快速放開的槓桿把手的淺色塑膠挖杓。若要做出果汁雪綿冰或冷凍優格等較小型的圓球，可以用甜瓜挖球器替代。

瓶子或真空保溫瓶

選一個蓋子能關緊的瓶子，或在栓緊蓋子前，在開口處加一層保鮮膜，讓蔬果汁或綜合飲品不會因為接觸到氧氣而氧化，若能使用廣口真空保溫瓶則更好。

飲用時盛裝飲品的水瓶與杯子

購買不同形狀與色澤的杯瓶，並享受其中的樂趣，讓這些杯瓶襯托出蔬果汁或牛奶果汁的顏色。

製作蔬果汁與綜合飲品的技巧

準備好必要器具後，就可以動手嘗試。為了保留蔬果最佳鮮度與風味，備妥蔬果後應立即打汁。準備食材的方式，每種機型會有些微差異，所以要先閱讀說明書。

離心力果菜機以及果菜榨汁機

雖然離心力和果菜榨汁機兩種機器的運作方式不同，但它們準備蔬果的方式，及使用的原則大致相同。

1 選用硬質蔬果：若使用軟質水果絕對不會成功。如：堅硬尚未熟軟的梨子，但熟軟的梨子最好應使用攪拌器或食物調理機。

2 準備食材：或許你比較喜歡先除去果心，但大部分的蔬果不需去心或削皮，因為果皮、籽或果心經過機器處理，會被打得糊爛。

3 不用削皮的蔬果，要放在流動冷水下，以硬刷除去髒污。如有果臘殘留，則要去除。

4 大顆的果核，如桃子和李子的籽要先去掉：用一把銳利的小刀，從水果中間切下，繞切一圈，再扭轉一下，把水果分成兩半，用刀子小心地挑出果核。芒果有著大又扁的果核，要先去皮，再從果核兩邊切下果肉，然後儘可能的從果核上切取更多果肉。

5 所有葉菜類，如高麗菜和萵苣，可用果菜機處理：外層菜葉也要洗淨加進去，因為它們的營養價值很高。

6 柑橙類水果可用果菜機處理：務必先去皮，種子及外皮裡層的白皮則不需去除。

7 當要把蔬果放入果菜機打汁時，務必使用機器設計的蔬果投入管。記得在機器出水口放容器以盛接果汁，否則它會噴濺得到處都是。

8 食材放入的數量得在機器的負荷量內：像是把每顆梨子和蘋果都切成四等份，各輪流放入一塊，以確認果汁混合均勻。假如一次丟入太多或太大塊的蔬果，機器就會塞住。

9 先放入較軟的材料，再放入較硬的，如先加入高麗菜再加入胡蘿蔔，這樣蔬果汁的流動才會順暢，也能預防阻塞。

清洗果菜機、果汁機或食物調理機

製作美味的蔬果汁和綜合飲品，唯一令人討厭的事就是必須立即清洗這些器具。幸好有些簡單的方法可使這個工作變得更簡單。

為避免細菌滋生，徹底清潔果菜機、果汁機或食物調理機是很重要的，最佳清潔時機是一打好果汁後立即清洗。若立刻清洗這些機器的零件或浸泡，就能輕易洗掉果糊和殘渣。

1 清洗離心力或果菜榨汁機、果汁機或食物調理機時，先在水槽裡放滿冷水，再小心的依照說明書拆除機器。

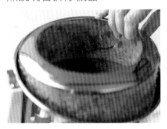

2 用塑膠刮刀或湯匙，挖掉任何大塊殘渣（例如：堆積在果菜機出水口內或攪拌刀附近的蔬果糊渣）並丟棄，更好的方法是，假使你花園內有堆肥，拿蔬果殘渣去做堆肥。

3 把機器非電動且可拆卸的各零件丟入裝滿冷水的水槽，加以浸泡，直到你打算要洗它

們——可能是在你坐下來享受你現打的飲品之後。浸泡這些零件可讓殘留的蔬果糊渣鬆脫，方便清洗。

4 浸泡之後，把這些非電動且可拆卸的各零件小心的用手洗，或放入洗碗機內，按照一般設定來清洗。

5 用過的各個配件要以堅固的刷子刷洗，去除殘渣。當處理研磨附件要很小心，因為它們很銳利。

6 機器可拆卸部分偶爾可能會有污漬，特別是如果你經常打色澤鮮豔的原料時，例如莓果或甜菜根，要經常以冷水加一點漂白水來浸泡，這些零件在浸泡後務必徹底沖洗，再等到完全晾乾後，才把機器組裝好。

解決麻煩的妙方

如果你使用果菜機時，出了任何毛病，或做出來的飲品和你想像的有差距，下列妙方或許幫得上忙。

機器阻塞時

放入堅硬的水果或蔬菜，例如胡蘿蔔或蘋果，使蔬果汁能順暢流動。

某種食材的味道蓋過果汁的味道

你可以增加其他食材的份量，或加入基底蔬果汁來稀釋它，或加少許檸檬汁或萊姆汁來挽救。

飲品太稀時

你可以加入材料來增加飲品濃稠度，例如：優格、奶油、香蕉或酪梨。

解決麻煩的妙方

如果你使用果汁機或食物調理機時，出了任何毛病，或做出來的飲品和你想像的有差距，下列妙方或許可幫得上忙。

飲品太濃稠時

用水或多汁的水果來稀釋飲料，如果想要純果汁，則以果汁來稀釋果汁機攪打出來的果泥。

飲品裡太多蔬果糊渣時

以篩子過濾，可用湯匙背把蔬果糊渣過篩。

原料糊在容器邊緣時

用塑膠刮刀把混合物從容器邊緣刮下，以確認所有原料都均勻混合。

果汁機和食物調理機

這兩種機器運作方式很類似，準備水果的方式也很相近，兩者主要的差異在於加入液體的時機。果汁機和食物調理機最適用於軟質水果。

1 果皮不可食用的水果應去皮，例如：香蕉、芒果以及木瓜。

2 果皮可食用的水果，例如：桃子或李子，不需去皮，但要沖洗乾淨；如果你較喜愛口感細緻滑順的果汁，那麼攪拌之前要先去皮。

3 有大顆果核、果心或種子的水果應先去除，例如：芒果、李子、櫻桃和蘋果。

4 有小顆種子的水果，例如：覆盆子、草莓或奇異果，可以整顆使用，這些種子可增加果汁質感，並營造小小顆粒的效果。然而，如果你喜好滑順的飲料，可以用塑膠刮刀把果肉擠壓過細篩子，以去除種子。

5 當你使用莓果和紅醋栗時，去除莖葉，徹底洗淨果實。要把紅醋栗、黑醋栗或白醋栗從莖上摘下，有一簡單方法：從頂端緊握住這串醋栗果，以叉子的齒放入果串莖中，往下慢慢拖拉，醋栗果就會掉下來。

6 若要在食物調理機中攪打水果，先把水果放在機器容器中，攪打成濃稠果泥，再加入液態或奶油狀的材料，例如：水、果汁、牛奶或優格，然後再攪打一次。

7 用果汁機攪打水果時，很重要的是：要把液體原料和軟質水果同時加入，一起攪打，否則攪拌刀無法有效的打水果。

8 如果使用手持電動攪拌棒，要記住這種機器不如果菜機或果汁機那麼有力，所以只能用在非常軟的水果，例如：香蕉、桃子和莓果，它無法處理更堅硬的東西。

柳丁機

1 首先，用銳利的刀子將柑橙水果切半。

2 使用傳統手動扭轉榨汁器時，把切半的柑橙壓在榨汁器圓錐處，施以均勻力道，扭轉水果以擠出最多的果汁，榨汁器的邊緣會留住種子，但你或許需要一個碗去盛接果汁。

3 使用附有柳丁機的果菜機，或使用電動柳丁機時，把切半的水果緊壓在旋轉的圓錐榨汁處。在水果下方圓錐榨汁處是由馬達帶動旋轉，所以這比起手動榨汁器能榨出更多果汁。

4 使用手動液壓壓榨器時，在果汁出口放個容器，以盛接果汁（除非壓榨器已附有容器），把切半的柑橙水果放入壓榨器，把槓桿往前拉，以施力擠出果汁。

5 用離心力或剁碎式蔬果汁時，以銳利刀子除掉柑橙的皮（無需去籽或剝掉殘餘的白色內皮），把水果切成相似大小的塊狀或把它分成很多份，然後把水果放入果菜機的漏斗狀水果置入口打汁。

快速開始的小祕訣

如果你迫不及待要開始，下列這些簡單而基本的綜合飲品可以讓你立即享有美味的成果。

香蕉莓果奶昔

1根香蕉

1大把草莓、覆盆子或其他莓果

1杯牛奶或豆奶

香蕉去皮切塊，把所有材料放入果汁機或食物調理機攪打均勻，再倒入玻璃杯內享用。

胡蘿蔔蘋果汁

2大條胡蘿蔔

1個蘋果

洗淨胡蘿蔔和蘋果，切成塊，放入果菜機內打汁。假使你喜歡的話，可用湯匙舀掉泡沫再享用。

檸檬柳橙提神飲品

1個柳橙

半顆檸檬

蘇打水

1茶匙糖（隨意）

冰塊或鮮薄荷葉

把水果放入果菜機裡打汁，加入蘇打水和糖（如果想加糖）。把成品倒入玻璃杯，加入冰塊和或薄荷葉享用。

蕃茄紅椒精力飲

半顆紅色甜椒（鐘型椒）

150克蕃茄

半顆萊姆的果汁

冰塊

把蕃茄浸在滾水中，剝掉皮，切成塊，紅色甜椒切半，去籽，切成相似大小的塊狀。把甜椒和蕃茄放入果汁機或食物調理機攪打，再加入少許萊姆汁及一些冰塊，即可飲用。

飲用與儲存蔬果汁、牛奶果汁及綜合飲品

要享受蔬果汁、綜合飲品和牛奶果汁的最理想方式是立即飲用。如此你可享受它的絕佳口味和營養，因為大部分處理過的蔬菜水果，經過時間的耗損和暴露於氧氣中，會犧牲掉一些營養價值，例如：當你剛做好胡蘿蔔汁時，它是鮮豔的橙色；但是如果把它放置一小時，它會因氧化而變棕色。同樣的，蘋果和酪梨的果肉氧化後也會變棕色，並失去營養價值。

飲用和裝飾蔬果汁與飲料

飲用新鮮飲料，有很多誘人又變化多端的方法，事先用點心思和想像，無論在任何場合，都可以在朋友及家人面前展現漂亮的混合飲品。

加入冰塊

冰塊是很好的飲用、冷卻與裝飾材料。立方體冰塊最適合用於冷卻飲料，也可用不同的方式裝飾及調味。你可以放入一撮冰塊，或是加碎冰到玻璃杯內的飲料中。

果汁冰塊

把柳橙、小紅莓或稀釋萊姆汁放入製冰盒，做成冰塊。它們可以為飲品帶來彩虹般的效果，融化後，也會改變飲品風味。

水果冰塊

把覆盆子或其他小型水果放入製冰盒中，再加水即可。

花與花瓣冰塊

要選用在冰塊融化時依舊漂亮的花——玫瑰花瓣、康乃馨或琉璃苣花。

在玻璃杯邊緣裝飾糖霜

以水把玻璃杯邊緣沾濕，把杯緣放入磨碎的檸檬皮或萊姆皮中，再放入糖霜中。

細雨般的果糊

先把果糊倒到玻璃杯內上緣，再倒入飲料，可營造出剝落的效果。

把醋栗果嫩枝懸掛在飲品上，會有意想不到的效果。

可食用的攪拌棒

這很有趣，而且棒狀芹菜莖搭配可口的飲料，是很天然的食品。把芹菜棒一端仔細切片，然後浸在冰水內約15分鐘，就會呈扇形散開狀。

冰果串

把切塊的水果或醋栗叉在竹籤上，當成攪拌棒使用，也可用磨細的香蜂草柄，薰衣草或迷迭香莖，或肉桂棒。

玻璃杯裝飾

在玻璃杯緣放片水果切片，或以雞尾酒棒（牙籤）叉起小塊水果，橫放於玻璃杯上方。也可嘗試使用香草植物葉子和削下來的柑橙外皮。

棒棒冰

果汁可做成健康的棒棒冰給孩子們吃。你只需要一個不

要為孩子們的宴會帶來樂趣，可試著供應以新鮮果汁冷凍成的棒棒冰。

貴的模具，模具在賣廚具的店裡購買。在舉辦宴會時，以這種方式來供應將會很有趣。

儲存蔬果汁與飲品

雖然蔬果汁和牛奶果汁在剛做好時就馬上喝掉是最好的，但你總可能有些原因而需要儲存它們；或許是做多了，或許是存了太多莓果或蔬果，必須在過熟前處理掉，又或許你只是單純想要帶些蔬果汁或牛奶果汁去上班，當作健康的早午餐點心。

降低蔬果汁氧化的方法是添加一些維生素C，你可以擠一點新鮮檸檬或柳橙汁，或加入半茶匙的維生素C粉（可在食品材料行購買）。如此蔬果汁可存放於冰箱幾小時而不變色，但切記飲品做好後，要盡快冷藏。

儲存容器可選擇廣口水瓶

或水壺，以保鮮膜密封，或是使用保鮮罐或真空保溫瓶。

大部分蔬果汁可冷凍，以備日後使用，如此幾乎可保存住全部的營養。可試著把不同口味的蔬果汁放入製冰盒中冷凍，做成冰塊加入飲料中，也可把蔬果汁小量（約一杯大小）冷凍。任何蔬果汁或綜合飲品都可以冷凍，尤其冷凍一些以單一材料製作的基底蔬果汁是個不錯的主意，因為當它融化後，你可再添加各種不同口味的材料。記得在容器上清楚標示日期。

購買農產品的要訣

假使你很熱衷於製作蔬果汁、綜合飲品和牛奶果汁,你可能會想要大量購買一些基本食材。胡蘿蔔、蘋果、香蕉、鳳梨和柳橙經常被當作基底蔬果汁,然後再添加其他材料。額外的材料以選用最新鮮的為原則,例如:夏天的莓果,並且要在購買當日就打汁。

新鮮度

你用來做蔬果汁、牛奶果汁和綜合飲品的蔬果,要儘可能新鮮,如此你才能從飲品中得到最多的營養。你不需要購買看來完美無缺的蔬果,但要避免購買碰傷、損壞或過熟的。最好選購時令蔬果,因為當季且本地生產的農產品,含有很多可增進健康的維生素與礦物質。

成熟度

水果越成熟,含有的糖分也越多。這也意味著水果含有較多養分,特別是在果樹上自然成熟的水果。青綠未熟即被摘下,在運輸過程才變熟的水果,含有的營養較少。

儲存

所有水果蔬菜都適合儲存於冷而乾燥的環境中,然而水果若還沒有完全成熟,打汁太硬時,可以找個有日照的窗台放著數日,讓它成熟。避免把它包在塑膠袋裡,讓它不能呼吸。較理想的方式是把食材個別存放於缽或托盤內,例如:柑橙水果放一盤,香蕉放一盤,洋蔥放一盤,因為它們各有不同的成熟時機,可能會受彼此影響,導致未熟即腐爛。

有機產品

有機蔬果比一般蔬果稍微

▲儘量購買已成熟的農產品,但假使需要讓它變成熟,只要把它放在有陽光的窗台上。

貴一些,但選用它們顯然有些益處。如果你選擇有機蔬果,你經由殺蟲劑、殺真菌劑和肥料而接觸到的化學物質會減少許多。提倡有機蔬果者宣稱它們較好吃,因為它們所含的水分較少。如果你品嚐一根有機胡蘿蔔,再和一根普通胡蘿蔔做比較,有機的通常質地較硬,有較強烈的胡蘿蔔味。這同時意味著你的綜合飲品有較濃風味,因為有機蔬果沒有太多水分來稀釋蔬果汁。

即使你不想完全購買有機蔬果,亦可考慮購買大量的有機基底食材,例如:胡蘿蔔和蘋果。

◀有機水果一般較不含水分,所以味道濃郁,且較少接觸殺蟲劑。

▲非有機的農產品可能需要削皮，因為這可以除去任何可能殘留的化學物品。

便利性

　　為了方便起見，也因為你不可能老是找得到當令的新鮮蔬果，所以在食物儲值櫃裡儲存一些乾燥、冰凍、罐裝以及瓶裝的蔬菜水果是很值得的。每當你用完某種新　鮮食材，或當你買不到某種食材，或它不是當季蔬菜時，就可以使用它們來替代。選用那些醃漬在未加糖的果汁內的水果，要比醃漬在糖漿中的好，因為這種方式較天然。乾燥水果也是有用的候補品，尤其是杏子乾、椰棗乾和無花果乾。

　　冷凍水果，例如草莓、覆盆子、藍莓和袋裝冷凍綜合夏季水果也是非常棒的食材，尤其是剛從冰箱取出就直接攪打，它們會讓牛奶果汁變成美味的冰涼雪泥，所以就不用額外加冰。

　　整顆乾果和種子（磨碎加入飲料中，或灑在飲料頂端作為裝飾）以及例如小麥胚芽之類的乾貨，一旦開封，就應該保存在密封罐或袋中，存放於冰箱以保鮮。然而因為它們的脂肪含量高，如果放太久，易有臭油脂味，切記去向貨物銷售得很快的供應商購買，而且一定要檢查保存期限。

輻射

　　大部分香草植物和香辛料都經輻射處理（以延長保存期限），但有機蔬果禁止這麼做，如果你想避開照過輻射的香草植物和香辛料，就要買有機的。

基因改造農產品

　　基因改造食品是近日的發明。如果你對這類產品有疑慮，就購買有機蔬果吧。要小心，大部分黃豆產品都是基因改造的，所以前往附近的健康食品店，選擇包裝上面寫著「非基因改造黃豆」的產品吧。

▲要避免基因改造的農產品，就買有機產品，它值得你多花點錢。

柑橙類水果

柳橙四季出產，在涼爽乾燥的環境中，可保存得很好，所有柑橙水果都富含維生素C，一顆大柳橙可計入每日飲食建議量的營養中。柳橙、坦吉爾蜜柑（Tangerine）、橘子（Mandarines）和其他柑橙類水果也富含葉酸。除了使用柳丁機，你也可使用果菜機來去皮柑橙打汁，以攝取纖維和白色內皮之精華。柑橙白色內皮富含兩種生物類黃酮，即芸香素（rutin）與橙皮甘（hesperidin），它們可幫助維生素C的吸收並增加血管強度。柑橙外皮富含檸檬油精（limonene），它對促進肺部健康非常有幫助。然而，有些人認為柑橙類水果太酸，不適合他們的消化系統。

準備與製作柑橙類果汁

要把柑橙類水果打汁，你需要一個柳丁機（手機、電動或液壓的），一塊砧板及一把銳利的刀子，如果你要用到柑橙皮，還需要一把刷子、肥皂或洗碗精，以及一個刨菜板（磨子）。

打汁

要將柑橙類水果打汁，最簡單的方法是把它們切半，用手持柑橙扭轉榨汁器或鑽孔器形之擠汁器，把果汁擠出。液壓柑橙壓榨器或果菜機上附帶的柳丁機較有效率，也能榨出較多果汁。把切半的柑橙壓在榨汁機上圓錐形尖端榨汁。去皮柑橙也可用果菜機打汁，或用食物調理機或果汁機攪打。

磨皮

如果你希望把柑橙皮加入果汁中，選用未上臘的有機水果，以避免化學殘留物。先以堅固刷子刷洗外皮，再以細緻孔洞的刨菜板（磨子）磨皮，也可使用柑橙刮皮刀。

柳橙

柳橙大致都甜，但也有一些較酸，要選用食用柳橙來打汁，斯維樂橙（Seville）和天普橙（Temple）較苦，血紅橙比一般柳橙甜，而且可打出討喜的寶石紅色澤果汁。

柳橙經常作為基底果汁，再加入其它果汁調味。要降低柳橙的甜味，可加入葡萄柚汁或以水稀釋，柳橙汁跟大部分蔬果汁都很搭配，特別是胡蘿蔔，它也可作為牛奶果汁的基底果汁。

營養成分

柳橙汁經常被用來治療傷風與流行感冒，它富含對心血管有益的葉酸，一般建議婦女在打算懷孕，或懷孕初期時，應該在飲食中多攝取葉酸（但也該同時攝取各種營養補充物，以達到每日飲食建議量）。

葡萄柚

葡萄柚比柳橙大，也可榨出更多汁，口感從苦中帶酸到酸中帶甜者皆有，它們可讓甜味的果汁，例如：芒果，增加一種微酸的風味。粉紅葡萄柚比黃葡萄柚更甜。

營養成分

我們認為葡萄柚汁有助降低膽固醇，但如果你在服用某些藥物，特別是鈣離子阻礙劑

▲色澤明豔的粉紅葡萄柚，比黃葡萄柚甜。

◀大量採購柳橙吧，因為他們可作為基底果汁。

▼ 提神的克來門氏小柑橘是
　能幹的消化系統清道夫。

與化療藥物，就要避免食用葡萄柚。請多向醫師諮詢。

檸檬與萊姆

　　這類水果嚐起來酸中帶苦，所以都只少量使用。它們與蕃茄汁搭配得很好，可製成檸檬水與萊姆水，或可加入一種香甜熱飲中——以蜂蜜、檸檬汁和熱水做成（如果你喜歡，也可加入白蘭地或威士忌）。這種美味又有刺激性芳香的風味，與其它材料的組合，都可以搭配得很好。

營養成分

　　檸檬有防腐抗菌的效果，傳統上是被用來作為支援肺部和腎臟健康的物品，它們是含鹼物，所以常被用來幫助調和胃酸。

▶ 綜合飲品加入了現榨的檸檬或柳橙汁，可以增色不少。

較甜的柑橙類水果

　　橘子、坦吉爾蜜柑、薩摩蜜橘（Satsumas）、克萊門氏小柑橙（Clementines）與橘欒果（Tangelos）這些都是柑橙類水果的不同交配種，它們各有獨自溫和芳香的甜味。而且它們沒有任何一種會像柳橙一樣酸，是作為基底果汁很好的材料，與熱帶水果搭配得很好。

營養成分

　　這些水果具有與柳橙類似的功效，也對清潔消化系統很有益處。

其他柑橙類水果

金橘

　　金橘可能相當苦，所以要和很甜的材料，例如杏子，一起打汁。金橘切片也可用來裝飾玻璃杯。

給我五份！

　　大部分政府都認為我們一天要吃五份蔬菜水果，但是很多人都不確定什麼叫做「一份」。簡而言之，一天總量要達到400克，所以一份是80克。「一份」可以是：

● 一個蘋果，或一個柳橙、或一條香蕉、或其他類似大小的水果或蔬菜。
● 兩個小型水果，例如坦吉爾蜜柑或奇異果。
● 半個大型水果，例如：葡萄柚，或一大片甜瓜。
● 一小碗沙拉或水果沙拉。
● 一杯切好的蔬菜。
● 滿滿一酒杯的水果或蔬菜汁（但請切記，蔬果汁只能算為一份，所以你不能整天喝蔬果汁，並算成五份。）

備註

　　馬鈴薯不能算為一份蔬菜，因為它是澱粉類食物。

敏宜歐那果

　　這種水果以它柄部末端的凸塊而著名，它的籽很少，水果也非常甜，所以用來打汁很棒。

柚子

　　這是一種帶有強烈葡萄柚味道的橙類水果，它們微乾的質地導致汁液比柳橙、檸檬或葡萄柚少，但只要加到需要加強風味的調混飲品中，就能讓飲品生色不少。

醜醜果

　　以它的外觀來命名，這種水果美味、溫和、酸酸甜甜且多汁。

果園水果及有核水果

蘋果和梨子是傳統的果園水果，它們也非常適合打汁。它們整年都有出產，而且也較便宜，這使它們成了作為基底果汁的理想材料。其他有核及果園水果，例如杏子、櫻桃和李子，只於夏日出產，而且較貴，但能製作出可口的甜汁。蘋果和梨子放在陰涼乾燥處即可好好保存，但是軟質水果最好放置在冰箱內。所有這些水果都富含維生素與礦物質，杏子的β-胡蘿蔔素（一種維生素A的天然來源）特別高。

準備與製作果園水果和有核水果的果汁

要把果園水果及有核水果打汁，你需要一台果菜機來打硬質水果，例如蘋果和梨子，或一台果汁機或食物調理機來打軟質水果，例如桃子和李子。你也需要一塊砧板和一把銳利的刀子。一個櫻桃去籽器可以有效的去除櫻桃籽。

硬質水果準備工作

蘋果、硬梨和溫桲最好用果菜機來打汁（離心力或果菜榨汁機皆可）。用刷子果菜汁沾洗碗精來刷洗果皮，然後洗淨，把水果切成四份，去除掉柄，但完整保留果心（如果你喜歡，也可去掉果心），把這四等份水果放入果菜機裡打

汁。較堅實的桃子、油桃或李子也可用果菜機榨汁，但是這會比使用果汁機時，獲得較少的果汁。把這些水果切半或切四等份以去除果核。

軟質水果準備工作

成熟的杏子、櫻桃、桃子、油桃、李子和青梅最好用果汁機或食物調理機處理，因為它們可被打成美味的濃稠果泥。把這些水果切半或切四等份，去除柄和果核，無需削皮，但是保留果皮會讓飲品變得較濃稠。如果你不削皮，要先徹底洗淨水果。

櫻桃去籽器

櫻桃要先去籽，使用櫻桃去籽器最簡便。

使用果汁機

把水果放入果汁機容器中，加入水、果汁、牛奶或牛奶替代品，蓋上蓋子，選擇適當的速度，若要濃稠一點，則加入香蕉、優格或奶油。

使用食物調理機

把準備好的水果放入調理容器中，蓋上蓋子，選擇適當的速度。打好的果泥可加水、如蘋果汁或柳橙汁、牛奶或牛奶替代品，以稀釋成適合飲用的口感。若你的食物調理機可以碎冰，在最後加一些冰塊，就可製出討喜的水果冰沙飲品。

蘋果

蘋果的口味，從甜到酸澀皆有，依的種類而異。作為打汁之用時，要選用可生食的蘋果，非煮食用蘋果或野生酸蘋果。蘋果一年四季都出產，是作為基底果汁的理想材料，可以把其他果汁添加到其中。蘋果汁會很快氧化成棕色，但若加一點點檸檬汁，可延緩氧化。

傳統的混合果汁包括蘋果與小紅莓，蘋果與黑醋栗，及蘋果與胡蘿蔔。選用甜蘋果似乎最好，但通常較酸、嚐起來口感豐富的更佳，因為打汁後甜味會更強烈。帶酸蘋果也可

▼蘋果打的汁，可能很甜。

調和較甜食材，例如：酸味青蘋果可調和西瓜強烈的甜味。

營養成分

蘋果是一種很好的四季水果，它們含有幫助消化的蘋果酸，也含有豐富果膠，果膠是一種可降低膽固醇，也可幫忙治療便祕與腹瀉的可溶性纖維。如果你想排毒與大致清理身體系統，蘋果是完美的水果。有些種類的蘋果富含維生素C，所以它們可促進免疫系統，避開冬天的風寒與流行性感冒。

梨子

這種水果有芬芳香氣與細緻口味，當它們被打成汁時，味道特別棒。若要完全享受這種精緻的口味，最好不要與其他有非常強烈味道的果汁混合。然而，它們可用來降低太搶味的甘藍菜和芹菜等的味道。

營養成分

這是另一種排毒水果，也可增強活力。與其他醣類相比較，糖尿病患較能接受梨子的果糖。

杏子

儘量選用那些在樹上成熟的果實，因為在最後成熟階段 β-胡蘿蔔素會增加百分之二百。攪拌杏子會產生濃稠的

▲杏子可攪打成美味濃稠又營養的綜合飲品，當成健康的早餐果汁最完美。

▲芬芳的梨子可製成巧妙提神的果汁。

傳統的混合果汁

在夏末與秋季，經常有很多當地出產的果園水果和莓果，可購買多一點，或把它們冰存以便日後使用。把它們打汁，做一些如下列般傳統口味的混合果汁。

蘋果和黑莓——蘋果的甜味可完美抵銷黑莓的酸。

蘋果和胡蘿蔔——這種果汁極富營養。

梨子、甜瓜和薑——在這個具異國風味的飲品中，薑的溫熱中和了甜瓜的涼性。

桃子和杏子——這種濃稠的綜合飲品可用氣泡礦泉水加以稀釋。

油桃和櫻桃——孩子們會喜歡這種既可口又甜美的綜合飲品。

梨子和小紅莓——這種提神的果汁，應當添加很多碎冰來飲用。

梨子和杏子——濃稠又甜的杏子汁，與梨子精緻芬芳的味道很搭配。

果泥，選擇較多汁的蔬果，例如小黃瓜、蘋果或胡蘿蔔的果汁來稀釋是最好的。當然你也可有其他選擇，例如少量的氣泡礦泉水，或添加原味優格以製成可口的牛奶果汁。杏子乾則可用果汁機加點水攪打。

營養成分

杏子特別富含 β-胡蘿蔔素，那是最重要的抗氧化物之一，而杏子乾含有很多鐵質、鉀和纖維。

櫻桃

要選用成熟且甜的櫻桃來打汁，因為它們被採下後，就不會再成熟，它們應當飽滿結實，但不是硬。櫻桃會帶給果汁及牛奶果汁豐厚芳香的味道。準備櫻桃是非常耗時的，如果你有個櫻桃去籽器來挖籽會更有效率。它們最適宜少量使用，與其他綜合飲品調混，即可讓果汁與飲品變成鮮活的粉紅色。櫻桃汁與其他大部分的水果蔬菜一起調混都相當適合。

營養成分

櫻桃具強力抗氧化的特質，它可產生大量稱為前花青素（proanthocyanins）的植物性養分，是從櫻桃的紅顏色裡產生。它們也有止痛能力，有些人發現它們對緩和風濕病痛特別有效。這種舒解疼痛的特性也對減輕頭痛很有用，二十顆櫻桃被認為相當於一顆阿斯匹靈。新鮮櫻桃傳統上也用來舒緩痛風，因它們可緩和尿酸程度。如果你無法取得新鮮櫻桃，罐頭櫻桃也是良好的替代品。

桃子和油桃

這兩種水果可做出類似的濃稠且甜蜜的果汁，桃子汁比油桃汁稍甜，但只要與其他食材混合，這個差異就不太明顯。

桃子的皮有毛，你可能習慣在打汁前先削皮，但其實並不必要。以果菜機來打桃子和油桃有點浪費，因為使用果汁機或食物理機可得到更多的果泥。這樣也可保留水果纖維，得到更濃稠的果泥，如果你喜歡，也可加以稀釋。假使食譜需要新鮮杏子，但杏子不當時令而無法取得，那麼桃子或油桃是很好的替代品。

▲把李子乾放入果汁機中打汁，可為蔬果汁增加甜味。

▲未成熟的李子打出來的果汁可能微酸。

◀油桃在攪打前，不需削皮，但須先去除大顆的籽。

營養成分

桃子和油桃富含維生素C、β-胡蘿蔔素和其他抗氧化物，所以對皮膚、肺部和消化器官的健康極佳，也對你的眼睛很有幫助。一顆新鮮油桃含有成人一天所需的全部維生素C。這種水果很容易消化，但有溫和的通便利尿效果，所以食用時要節制。

李子、青梅、布拉斯李子和李子乾

李子和青梅嚐起來甜又提神，雖然有些品種可能有點酸，特別是當它們未成熟時。青梅有令人難以置信的甜味，用來打汁真是太棒了。然而布拉斯李子相當酸且味道強烈，所以通常在使用前會加糖煮過。李子乾就是脫水的李子，口味相當甜，非常適合和水一起攪打成濃稠的果汁，或與大部分的柑橙類水果混合。

當要與其他水果混合調理時，李子最好與較不甜且多汁的材料搭配，例如微酸的蘋果汁；除非李子還未熟透，就很適合非常甜的水果，例如香蕉、芒果或甚至柳橙汁。

營養成分

大家都知道李子和李子乾的通便效果，它們也含有很強的抗氧化物，是促進身體健康的優良食品。李子富含維生素E，對保持健康的皮膚很有幫助。

溫桲

溫桲漸漸在一年四季都有出產，依其種類不同，有著蘋果和梨子形狀的外觀，呈淡金色，煮過後嚐起來有令人愉悅的香味，但生吃時可能會很澀。溫桲成長在較寒冷的氣候時是硬的，成長在溫暖氣候時則會變熟而較軟。它們常被做成果凍或果醬，若要打汁，溫桲的準備和打汁方式則與蘋果一樣。理想上它們應與非常甜的果汁，例如桃子和杏子混合，以抵銷它們酸且微苦的味道。

▼如果你可以買到新鮮溫桲，以你準備蘋果的方式來處理它們，再混合極甜的果汁，例如芒果或桃子。

營養成分

多年以前，溫桲在傳統上被當成萬能藥，用以幫助長年生病漸漸痊癒的病人。

乾燥水果

這些都是唾手可得的食材，包括葡萄乾、蘇丹葡萄乾（黃葡萄乾）、醋栗果、杏子、李子、無花果、芒果、木瓜、香蕉、蘋果和椰棗等。

乾燥水果經脫水，所以不能好好打汁，然而他們可以被泡在熱水、茶、溫酒或烈酒中回復水分。可加入肉桂或其他香辛料增添風味，例如丁香。

乾燥水果比新鮮水果含有較濃縮的營養，包括鐵質、鎂和抗氧化物。它們非常甜，一點點就可讓飲品有畫龍點睛之妙。

▲半乾燥的杏子在使用前無需浸泡。

▶從左上順時針方向，依次是蘇丹葡萄乾、醋栗果和葡萄乾。它們不太適合打汁，但可切碎加到飲品中。

莓果和紅醋栗

小巧美味的紅醋栗和成熟的莓果，都很適合做成牛奶果汁和奶昔。你需要一台果汁機或食物調理機，因為軟質水果不適合用果菜機來調理。

莓果多半是夏季水果，雖然有從國外進口，我們一年四季都吃得到，但夏季才是它們最甜美而且便宜的時節。

莓果很快就會過熟，必須存放於冰箱，購買後最多兩日內要用掉，處理它們時務必小心。如果你無法取得新鮮莓果和紅醋栗，冷凍的也不錯。

草莓、覆盆子和黑醋栗含有與柑橘類水果一樣豐富的維生素C，暗紅色莓果也是前花青素的豐富來源，那是一種強力的抗氧化物。有些人對草莓和其他莓果有過敏反應，尤其是過量食用時，可能會引起草莓疹甚至發燒。

把水果冷凍

假使你有太多莓果，你可以把它們冷凍，以備其他時節之需。

去除莓果的莖葉，平鋪（不重疊）在烤盤上再冷凍，等莓果結凍之後，改放到耐凍容器或袋子內。當你需要使用時，可以先解凍，也可以直接攪拌。

準備與攪打莓果和紅醋栗

要把莓果和紅醋栗打汁，你需要一台果汁機或食物調理機、一塊砧板和一把小巧銳利的刀子。

軟質水果準備工作

軟質水果只需簡單的準備程序就可以攪打：洗濯、丟棄過熟或發霉的、用手或銳利的刀子去除莖葉，但請記住，當你打果汁時，不需要去除草莓蒂頭，只需把花萼摘掉。

使用果汁機

把準備好的水果放置於果汁機的容器內，加入液體，例如水、果汁、牛奶或牛奶的替代品，蓋上蓋子，選擇適當的速度。可以加點香蕉、其他軟質水果、優格或奶油，以調理出濃稠的口感。

使用食物調理機

把準備好的水果放在調理缽內，蓋上蓋子攪打。如果喜歡較淡的口味，你可以加些礦泉水（依個人喜好，蒸餾水或蘇打水皆可）、液態果汁（例如柳橙汁）、牛奶或牛奶替代品，以稀釋打好的果泥。

製作水果醬料

在食用水果牛奶、奶昔、甚至冰淇淋前，可加一些水果醬料，以創造出一種可口、寶石色澤、潺潺滴流的風味。

1.依照你個人對顏色或口味的喜好，選擇一種水果，例如：喜愛暗紅色或桃紅色的話，可使用覆盆子或草莓；喜愛淡綠色的話，可使用去皮的奇異果；喜歡鮮豔的橙色的話，可使用浸泡過的杏子乾。

2.把水果置入果汁機內，一人份大約一小把水果就夠了，以高速攪打，直到成泥狀。如果你打的是杏子乾，要加入15~30ml的水一起打，才可做出正確濃稠度的醬料。

3.對於覆盆子或草莓醬料，如果你要的是無子果泥汁，則需要過濾。

▼在草莓產季，大量採購來做果汁吧。

加入冰塊

加入冰塊到調理的飲品內，可以做成美味的莓果冰沙。但是你在使用食物調理機攪打冰塊前，要先閱讀使用説明書，確定機器可攪打冰塊。

草莓、覆盆子、黑莓以及桑椹

草莓大致上算是甜，但又潛藏著酸味，當它們正值成熟時，是最佳也最甜的時候。野草莓比種植的草莓小很多，很美味，可惜因為太貴而不適合拿來打汁，除非你夠幸運，有你自己的野草莓供應來源。要購買色澤明亮且結實的草莓，不要洗濯它們，直到你要用時才洗。

覆盆子是細緻的莓果，所以處理時要小心，如果有需要的話，只要略微洗濯即可。它們嚐起來比草莓更酸澀，並且能夠給果汁添加較深的紅色。而不像草莓的淡粉紅色。嘗試製作傳統的草莓奶昔，或覆盆子和梨子牛奶果汁。

黑莓與其他莓果比起來，是在夏季稍晚、大約秋季快來臨時才結果，鄉間可以找到大量的野生黑莓，或你也可前往超市購買種植的

黑莓。它們完全成熟時，是非常甜而多汁的。

桑椹在大小與形狀上，看起來有點像黑莓，但它們的供應量較少。成熟後的味道甜帶微酸，與其他莓果相比，較不帶芳香。

在這些水果正當季時，它們的售價合理，所以你可拿它們來做基底果汁，只要一些莓果就能增加飲品獨特的口味與顏色，但是在其他時節，這些水果會較貴。它們適合與香蕉、柳橙汁、蘋果、甜瓜、桃子和大多數口味細緻的水果一起攪打。黑莓會蓋過其他果汁的色澤，讓飲品呈暗紫色，但它的味道夠好，與大部分的水果蔬菜都很搭，特別是蘋果——這是傳統的組合。

營養成分

草莓富含果膠和鞣花酸，是清掃體內與排毒的極佳物品。這四種莓果都是前花青素的絕佳來源，且富含維生素C，前花青素與維生素C有助提升免疫系統。維生素C也是抗氧化物，甚至可降低罹患某些癌症的機會。莓果是鈣質的重要來源，鈣質可幫助骨骼與牙齒健康的成長，也能安定神經系統。有心血管疾病的人，應該在膳食中列入莓果，因為它們有抗氧化作用。覆盆子汁被認為能清潔消化系統，傳統上也被用來治療腹瀉、消化困難以及風溼病。

▶覆盆子能為飲品增加可口的酸味與充滿活力的紅色。

▶尋找野生莓樹，然後摘取屬於你自己的黑莓。

▼藍莓有強烈的顏色，只要把它加入任何綜合飲品中，藍莓的顏色就會成為飲品的主要顏色。

藍莓

　　藍莓又被稱作為越橘（bilberries），成熟時非常甜，未成熟時則相當酸澀，產季僅夏季中的數月，只有在溫暖的國家，產季才會延長。所以建議多買一些，再分裝在小袋子內冷凍。就如同黑莓一樣，藍莓的暗色果汁會蓋過綜合飲品的其他顏色，呈飽滿的藍紫色。在大部分水果綜合品中，添加藍莓會讓飲品更美味；或是你喜歡單純的果汁，可在濃稠的藍莓果糊中，加入氣泡礦泉水。

營養成分

　　藍莓是最具抗氧化力的水果之一，可提升免疫系統，但它們對眼睛的健康也扮演了重要角色。第二次世界大戰期間，飛行員們食用藍莓，因為他們相信藍莓可增加他們夜視能力。就同小紅莓一樣，它們也能舒緩泌尿道感染。

黑醋栗、紅醋栗與白醋栗

　　黑醋栗的味道從酸到甜都有，依其成熟度而異。它們最好加糖，但如果你只用一點點黑醋栗汁與較甜的果汁混合，則無需加糖。它們適合與其他食材混合調理，單純打汁則不太美味。它們較常被做成甘露酒，而較少被做成果汁，你可以加一些甘露酒至以其他水果做成的果汁裡。

　　紅醋栗與白醋栗每年的產季與黑醋栗相同，但它們產量較少，可能較難買得到，它們適宜與較不昂貴的黑醋栗混合，做成果汁和牛奶果汁。

營養成分

　　很少有水果蔬菜比黑醋栗含有更多維生素C，這使它們成為冬天中對抗傷風與流行感冒的強效藥。黑醋栗子是不可或缺的脂肪酸（與月見草油所含的脂肪酸相同）的重要來源，對女性荷爾蒙的健康很有助益，可緩和月經來潮前的症候群與乳房酸痛。

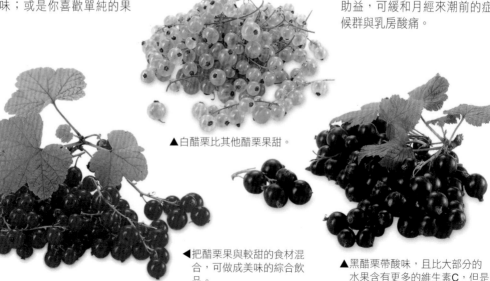

▲白醋栗比其他醋栗果甜。

◀把醋栗果與較甜的食材混合，可做成美味的綜合飲品。

▲黑醋栗帶酸味，且比大部分的水果含有更多的維生素C，但是最好少量使用。

◀小紅莓與香甜的果園水果很搭調，例如梨子。

夏季的冰沙（凍飲）

當你有太多剩餘的莓果，又不想把它們冷凍時，可嘗試製作下列莓果冰沙。

覆盆子與柳橙── 這種冰沙帶著可口的酸味，當作早餐最完美了。

小紅莓與梨子── 甜而多汁的梨子，與小紅莓微乾的口味互補。

夏季水果── 純粹的紅醋栗、覆盆子、草莓和黑醋栗。

紅醋栗與小紅莓── 酸且提神的冰沙，夏日飲用最棒。

覆盆子與蘋果── 再加上很多碎冰就是小孩子們的最愛了。

藍莓與柳橙── 這種冰沙呈鮮豔藍紫色。

黑莓與肉桂── 溫暖又帶香辛味，保證讓你的訪客印象深刻。

小紅莓

又稱蔓越莓，於冬季生產。正值產季時，可以大量購買再存於冷凍庫內。小紅莓相當酸，需要加糖。它們與柳橙、蘋果、梨子或胡蘿蔔汁都很搭調，調配比例是一份小紅莓汁搭配三份較甜蔬果汁。

營養成分

連續喝幾天的小紅莓汁，就能有效預防與消除膀胱炎與其他泌尿道的感染，它們所含的抗氧化劑可特別針對泌尿道的細菌感染。小紅莓所含的奎寧，還是有效的肺部解毒劑。

其他莓果

接骨木漿果

接骨木漿果（elderberries）通常無法在商店購得，必須去野外採集。接骨木四處可生長，在都市裡的花園不難見到它的蹤跡，它的樣子太過平凡，以致常被誤認為雜草。這種莓果太小太酸，不適合打汁，但若與糖和水煮過，可做成很棒的香甜糖漿。接骨木糖漿傳統上用來提升免疫力。在春季與初夏，人們採集花朵，用來做成美味芳香的接骨木花甘露酒。

醋栗

它們的產季只在夏天短暫時間內，但可把它們放在烤盤上冷凍起來。醋栗非常酸，故不常被用來打汁，然但在果汁中加入少量醋栗，可增強人體免疫力。

◀接骨木漿果應先與糖煮成糖漿，而不是以生的果實打汁。

▶把醋栗冷凍，以便整年都可使用。

進口水果與其他水果

現在大部分外國水果整年都買得到。除了甜瓜類與鳳梨，這些水果大部分都是以果汁機或食物調理機攪打，它們不太適合用果菜機打汁。甜瓜類、鳳梨與香蕉可產生足夠的果汁來作為基底材料，但其他外國水果限於產量與是否容易取得，最好少量使用。橙色水果，例如芒果，是β-胡蘿蔔素的絕佳來源。

準備與製作進口水果與其他水果的果汁

你需要果汁機或食物調理機、果菜機（離心力或剉碎式）、一塊砧板，以及一把銳利的刀子。湯匙也很有用，可協助挖出果肉。

甜瓜類準備及製作

切一塊扇形甜瓜，把籽挖出，把果肉及果糊切出來，放入果汁機或食物調理機攪打，較硬的甜瓜可放入果菜機打汁，特別是西瓜。

香蕉準備及製作

剝皮後再把果肉分成塊狀，放入果汁機或食物調理機，攪打成糊狀，再加入其他果汁，直到你覺得濃度適當。

鳳梨準備及製作

把鳳梨平放在砧板上，然後以一把大而銳利的刀子，切下底部和頂端，將它切成薄片，再切掉皮。果肉可放入果汁機或食物調理機攪打，或放入果菜機打汁。

奇異果、木瓜與番石榴準備及製作

把水果切半，若是處理木瓜與番石榴，則要挖出它們的籽。你可以用湯匙把成熟水果的果肉挖出，也可以用銳利刀子來削皮。把果肉放入果汁機或食物理機攪打，若是放入果菜機打汁，這三種水果都不能產生足夠的果汁。

芒果準備及製作

從果核兩邊的任一邊，把芒果切成兩片，把果肉劃割成許多小方塊狀，然後從外端壓下果皮，再把果肉切下來放入果汁機或食物調理機攪打。

荔枝準備及製作

荔枝去皮最簡單的方式是用手來剝，它的皮略硬易碎，把水果取出，除去果核，把果肉放入果汁機或食物調理機攪打，荔枝若以果菜機打汁，無法打出足夠的汁。

香蕉

體型較小而味道濃的香蕉，相當值得購買。香蕉是做冰沙的極佳基底，與很多不同的水果都很搭調，但和蔬菜搭配則較不諧調。它們是讓綜合飲品變得濃稠且具飽足感的良好方法，特別是你不想使用乳

大黃

大部份蔬菜都含有草酸，草酸能抑制鈣質與鐵質的吸收，也可能讓關節毛病加劇。大黃含有極多草酸，那意味著不可生食它們，大黃葉也有毒，絕不可食用。然而，只要先煮過，就可加入飲品中。它含有豐富的鈣、鉀和維生素B$_1$。

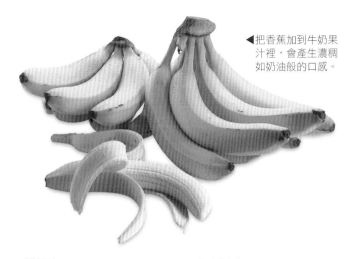

◀把香蕉加到牛奶果汁裡，會產生濃稠如奶油般的口感。

長的維生素C最豐富的來源之一。

芒果、木瓜與番石榴

這些水果最好選擇成熟的購買，當輕壓時會略微凹陷就表示它們熟了，這也正是它們最甜美的時候，芬芳、美味、口感極佳。與香蕉加柳橙汁、蘋果或胡蘿蔔都很對味，可以做出美味的熱帶冰沙。

營養成分

木瓜以它強有力的消化酵素木瓜酵素而著稱。木瓜酵素有鳳梨酵素（參照鳳梨之介紹）所擁有的所有優點。木瓜酵素也有個美譽，它能幫助重建健康的腸道細菌平衡。這三種水果都富含β-胡蘿蔔素、維生素C，以及很多礦物質，這使它們成為眾多營養素的絕佳來源。

製品時。

營養成分

香蕉是提升能量的極佳食材，它們也充滿有益腸道的溫和纖維。

鳳梨

鳳梨的味道從甜的到酸的都有，它們經常帶著芳香氣息。鳳梨一旦採收後就不再成熟，所以要確認你買的是成熟鳳梨。選擇摸起來略軟，聞起來美味，顏色很好，沒有綠色斑塊的鳳梨，葉子應當綠而易碎，尖端沒有黃色跡象。鳳梨與大部分水果都非常對味，與蔬菜汁也很搭配。

營養成分

新鮮鳳梨含有一種最強效的蛋白質消化酵素，稱為鳳梨酵素（bromelain），使它們對所有消化的毛病都很有幫助。它們甚至以去除消化系統的死細胞之方式，來「整理」消化系統，它們也可以幫忙治療受損的消化系統。

這種酵素也幫助淨化血液，打碎凝塊。鳳梨也被認為可舒緩關節炎，幫助減輕背痛。這種水果對去除黏液增長

也有幫助。

奇異果

奇異果多仰賴進口，但現在非常容易買得到。如果奇異果買來時是硬的，把它們放在窗台上，很快就會成熟。當它成熟以後，嚐起來甜美，有刺激性香味而且芬芳，以它們來當基底果汁也不貴。它們與其他綠色水果很搭調，例如蘋果或葡萄，與熱帶水果也很合味。

營養成分

奇異果是提升免疫力與促進骨膠原蛋白生

▲奇異果可做成可口且味道強烈的基底果汁。

▶鳳梨可以與大多數的水果一起打汁。

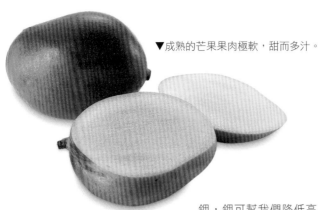
▼成熟的芒果果肉極軟，甜而多汁。

▲芳香的荔枝含有非常豐富的維生素C。

荔枝

它們有精細的芳香與甜美口味，需要與其他同等精細味道的水果搭配，才不會被蓋過。冰沙飲品中它們可以搭配甜瓜、香蕉、蘋果或草莓。

營養成分

荔枝是維生素C的良好來源之一。

甜瓜類

甜瓜有很多不同種類，包括哈密瓜、香瓜（honeydew）和西瓜。它們是葫蘆科植物，黃瓜和南瓜也是。選擇成熟甜瓜類（西瓜除外）的方法，是輕壓一下底部，水果應會輕微凹陷，成熟甜瓜會有甜而芳香的味道。至於西瓜，輕拍果實側面時，應有空洞的聲音，以大姆指按壓它的皮時，應幾乎不凹陷。

甜瓜類可製成甜而提神的基底果汁，與其他水果都很好搭配，例如酸蘋果或梨子，與微苦蔬菜組合也不錯，例如甘藍菜。

營養成分

甜瓜有利尿及清潔消化系統的功效，它們對所有皮膚毛病也很有幫助。甜瓜籽富含鉀，鉀可幫我們降低高血壓，它們也因含鋅與維生素E而有價值，所以值得我們吃一些。所有橙色果肉的甜瓜均富含β-胡蘿蔔素，可強化免疫系統與眼睛健康。西瓜也提供一種稱為茄紅素（lycopene）的植物性營養，茄紅素因為可以有效的對抗某些種類的癌症而著稱，包括攝護腺癌。茄紅素必須與少量脂肪一起食用，才能促進吸收。

葡萄

葡萄依不同種類而異，味道有甜有酸，黑、紅、綠（白）葡萄都買得到，你也可選擇有或無籽的。葡萄可產生淡綠或粉紅果汁，視它們的顏色而定。

葡萄相當有水分，所以它們與產生濃稠果汁的水果很搭調，例如芒果、木瓜、桃子或李子。對大部分的水果及蔬菜汁而言，葡萄是有用且美味的添加物。

▲哈密瓜的果汁，無論與水果或蔬菜混合，都很美味。

營養成分

深色皮的葡萄富含一種稱為白藜蘆醇的化合物（那是最強力的抗氧化劑之一）與前花青素，而所有顏色的葡萄都有高度的鞣花酸，那是一種強效的排毒物。葡萄汁是傳統自然療法中臥床療法所使用的食物，有時也用來強壯神經，根據報告，葡萄對減輕關節炎症狀有所助益。

▼葡萄打汁前無需去籽，因為它們會融合入果汁裡。

裝飾用的熱帶水果

有些熱帶水果不適合打汁，因為它們不是打不出太多果汁，就是準備它們太麻煩了，你可嘗試用過程來作為漂亮的裝飾，點綴於上端。

無花果

從尖的一端由上往下切，但底部不要切開，與第一刀呈直角的方位再切第二刀，做出十字形，輕壓無花果，讓它張開像「一朵花」，這樣就可做出既吸引人又可食用的裝飾連皮一起吃下。無花果打不出太多汁，但你可以用它們與其他水果搭配。它們有通便效果，所以食用要適量，它們也對支氣管發炎有效。

楊桃

這種漂亮的熱帶水果可切成薄片，以作為誘人的星形裝飾。

石榴

切半並挖出深紅色的籽，把籽與果實內柔軟組織分開，它的籽甜美提神又脆，是灑在果汁與牛奶果汁上的理想物。

百香果

切半並挖出果肉與籽，它的果肉甜美芳香又吸引人，是理想的點綴。

椰棗

椰棗切半去籽，雖然它們不能用來打汁，但可把它們切塊加入綜合飲品中，或者是切成薄片，當成喝飲品時搭配的點心。

根類與塊莖類蔬菜

這類蔬菜必須用離心力或果菜榨汁機打汁。胡蘿蔔是唯一適合作為基底蔬果汁的根類蔬菜，但其他根類蔬菜可以少量的加入果汁與綜合飲品中。根類蔬菜其實是秋冬季蔬菜，但大致上它們整年都買得到。它們可在陰涼乾燥的環境中好好保存，但甜菜根最好放置於冰箱中。

準備與製作根類、塊莖類的蔬果汁

要把根類與塊莖類蔬菜打汁，你需要一台電動果菜機（離心力或剁碎式）、蔬菜刷或蔬菜削皮刀、一塊砧板和一把銳利的刀子。

削皮

當你準備根類與塊莖類蔬菜時，首先要決定你是要削皮或只要刷掉髒污，對很多水果蔬菜而言，皮含有很多營養，所以較不宜削皮。影響你決定的部分因素應當是它們的皮有多薄。

你可能想把皮很老且有節瘤的胡蘿蔔削皮，但小而新鮮的胡蘿蔔則不宜削皮。至於胡蘿蔔和甜菜根、塊根芹菜、防風草、紅皮蘿蔔、瑞典無菁、蕪菁及甘薯或山藥，你並不一定要削皮。你也可以保留馬鈴薯的皮，但一定要切掉已發芽

或任何呈綠色的部分。這種綠色表示有一種毒性很高的生物鹼的存在，這種生物鹼稱為龍葵鹼（solanine），可致病。

打汁

根類植物打汁時通常會產生泡沫，並帶點泥土味（即使蔬菜已被刷洗乾淨），然而，這種口感意味著它們含有高度礦物質，所以該把蔬菜汁上端的泡沫喝下，以獲得最多養分（你可以把泡沫與果汁攪拌一起）。假使你覺得這種味道特別討厭，就把泡沫舀掉，但不要連蔬菜汁也倒掉。

胡蘿蔔

胡蘿蔔打成汁後非常甜，現打的胡蘿蔔汁要比市售的好喝多了。胡蘿蔔因為可榨出很多口感溫和的汁液，可當成很多蔬菜汁的基底蔬果汁。胡蘿蔔汁與蔬菜及水果都很搭調。

營養成分

胡蘿蔔富含 β-胡蘿蔔素，對免疫系統很有幫助，也對皮膚和眼睛健康很好。

哺乳中的母親有時會被建議喝胡蘿蔔汁；它含有比牛奶更容易被吸收的鈣質，那是嬰兒健康成長不可或缺的。為了確保 β-胡蘿蔔素被轉化成身體需要的維生素A（一種脂溶性維生素），可加一茶匙亞麻籽油或胡桃油到胡蘿蔔汁裡，或也可加一些全脂或低脂牛奶。

甜菜根

使用甜菜根來做飲品，飲品會呈現飽滿的紅寶石色澤。甜菜根經常以未經煮食的狀態使用，它們無需削皮，只要洗淨即可，它的汁液味道很強烈，所以要少量使用；大約一份甜菜汁配上三份其他果汁。

甜菜的綠葉可提高蔬果汁的營養價值，然而，它們草酸含量過多，大量食用會產生毒性。甜菜根和葉子的汁液，與其他所有蔬菜組合都很適宜。

營養成分

在傳統的草藥學裡，甜菜根被用來強化血液、製造鐵質，特別是嚴重的月經失血。它含有非常豐富的可提升免疫系統的 β-胡蘿蔔素，以及很

▶胡蘿蔔可產生甜美的汁液，很適合作為基底蔬菜汁。

▲甜菜根能產生令人訝異
　的深紅汁液。

多礦物質，包括鐵和鎂。傳統
上它也被用來給恢復期的病人
食用。

防風草

　　這種蔬菜含有高度糖分，
所以它與胡蘿蔔一樣，嚐起來
非常甜。這種蔬菜汁嚐起來也
非常有奶油味，然而，與胡蘿
蔔不同的是，防風草汁應該少
量使用，大約一份防風草汁與
三份其他蔬果汁混合。它與其
他蔬菜汁搭配最棒，特別是有
香辛味或辛辣的蔬菜汁。

營養成分

　　防風草可安定胃部，並
且些微利尿，它富含矽，對頭
髮、皮膚和指甲也都很好。

紅皮蘿蔔

　　這種吸引人的蔬菜有很多
形狀與大小，它們有獨特的辛
辣味，所以應少量使用，當成
其他蔬菜汁的調味即可。要把
溫和無刺激性的蔬果汁帶入我
們的生活中，它們是很理想的
食材。

營養成分

　　紅皮蘿蔔與任何辛辣蔬菜
一樣，可強壯肝臟和膽囊，消
除膿瘍。

甘薯與山藥

　　雖然這兩種蔬菜看起來很

▲辛辣的紅皮蘿蔔應當只
　以少量來打汁。

類似，它們實際並不相關，而
且山藥比甘薯還乾。甘薯有很
多種類，它的肉質從淡黃色到
豔橙色皆有，山藥的肉質顏色
從不太白、到黃色和粉紅色，
甚至紫色都有。選用無黑點且
光滑者，並存放於陰暗、涼爽
且乾燥之處。

營養成分

　　這兩種塊莖類含很多澱
粉，山藥比甘薯含有較多天然糖
分，但維生素A與C含量較少。
兩者都可帶給人能量，並且比馬
鈴薯容易消化，能讓身體成為鹼
性，可幫助抑制過度的酸性，有
些人相信它們有對抗致癌物質的
作用。

塊根芹菜、瑞典蕪菁以及蕪菁

　　塊根芹菜有溫和的芹菜
味；瑞典蕪菁甜而像奶油，但
有輕微泥土味；蕪菁嚐起來溫
和而辛。蕪菁大部分的養分集
中在頂端，所以莖和葉都要放
入一起打汁，不要丟棄。這幾
樣蔬菜若加入以其他蔬菜做出
的綜合飲品中，會非常對
味，例如，把它們加入
以胡蘿蔔作為基底蔬果
汁，再與綠葉蔬菜調混

的飲品中極佳，但它們與水果
搭配並不十分適合。

營養成分

　　塊根芹菜有些微澀味及
利尿效果；而瑞典蕪菁可提供
能量；蕪菁要連著頂端一起使
用，是鈣質的良好來源（沒有
甜菜根與波菜中所含之不利人
體的草酸），讓它們成為很好
的神經強化物質，它們可以改
善疲累或沮喪感。蕪菁頂端包
含柑橙類水果兩倍的維生素
C，並且有祛痰作用，對咳嗽
的毛病有效。

馬鈴薯

　　你可使用任何種類的馬
鈴薯，但必須以生馬鈴薯來打
汁。馬鈴薯汁並非任何人都想
單獨喝它，但是當它混合蔬菜
汁時，有一種淡淡的堅果般的
味道，並不難喝。而且它有很
好的療效，使它值得被加入蔬
果汁中。你只需少量來與其他
果汁混合，例如胡蘿蔔，以八
分之一的馬鈴薯汁液八分之七
其他果汁的比例即可。

營養成分

　　馬鈴薯皮含有很豐富的
鉀，可幫助降低血壓，傳統上
也被用來治療胃潰瘍與關節
炎。

▲馬鈴薯汁被加到飲
　品中，是為了它治
　療上的效果。

葉菜類及芸苔屬蔬菜

綠葉蔬菜和芸苔屬蔬菜需要以果菜機來打汁，芸苔屬包括綠花椰菜、白花椰菜以及球芽甘藍（迷你甘藍）。以上這些蔬菜，以及所有葉菜類蔬菜，理想上應該存放於冰箱，以避免枯萎或變黃，並要在購買後就儘快用掉，因為它們很快就會失去營養價值。它們都只是被小量使用，與其他較大量的基底果汁混合，作為增添風味用，或為了它們的營養或治療用處。綠葉蔬菜汁與其他食材的比例大約是1比3。

所有深綠葉是鎂和β-胡蘿蔔素的良好來源，很多還富含鐵質。這類蔬菜有增進健康的重要物質，它們含有很多化合物，例如會造成蔬菜微苦味道的萊菔硫烷（sulphurophanes），和被認為可抑制癌症的靛基質-3-甲醇。

準備與製作葉菜類與芸苔屬蔬菜的蔬果汁

要將葉菜類與芸苔屬植物打汁，你需要一台果菜機（離心力或剎碎式）、一塊砧板和一把銳利的刀子。

葉子鬆散的葉菜

把葉子一葉葉的分開，徹底洗淨，把褪色的部分切掉，但外部的葉子要保留，因為它們比內部的葉子營養，不要丟棄萵苣的心部或任何葉柄及莖。

葉子密合的葉菜

比利時菊苣（Belgian endive）或大白菜這類蔬菜，應當先洗滌然後切成四等份或適當大小，才可以通過機器的頸狀部。把綠花椰菜和白花椰菜切成小朵，徹底洗淨菜心才可打汁。

榨出最大量的果汁

最好是用硬質蔬菜或水果，例如胡蘿蔔或蘋果，與葉菜輪流放入機器中打汁，這會讓機器有效率的運轉，以取出最大量果汁。

甘藍菜與球芽甘藍

深綠的甘藍菜是打汁的最佳選擇，因為它們營養豐富，白甘藍就營養成份而言，是它們的親戚。紅甘藍菜大致而言，煮過後味道較佳，但用來打汁，它討喜的紅色會蓋過其他色彩。甘藍菜會讓蔬果汁色彩帶有令人訝異的淡綠色，只要在飲品中，你的用量不要壓過其他食材。在任何蔬果汁中，正確用量大約是八分之一至四分之一的甘藍。

球芽甘藍實際上只是迷你甘藍，打汁後味道與甘藍菜類似，但略有堅果般的味道。

營養成分

如果你想攝取甘藍菜最多的營養，就要保留外部深綠的葉子。甘藍菜與其他芸苔屬植物一樣，被視為抗癌蔬菜，甘藍菜汁也能有效的治療腸與潰瘍。但甲狀腺功能低下的人不宜過量使用，因為據我們所知，甘藍菜會致使甲狀腺腫大，並且會干擾甲狀腺功能。

正在服用藥物讓血液淡化的人，食用上述與其他葉菜應適度，因為它們含有很多凝血因子維生素K。甘藍菜和球芽甘藍，則是含有最多維生素C的蔬菜。

菠菜

菠菜有溫和且輕微辛辣的味道，還有悅人的綠色。它可以少量的加到其他較甜的基底果汁中，包括一些溫和的水果，例如蘋果或梨子，以增加蔬果汁的口感和營養成份。

營養成分

菠菜非常營養，β-胡蘿蔔素、葉酸、維生素A和C含量都非常高，鐵

▲球芽甘藍用來打汁時少量使用。

40

▲ 綠花椰菜是眾所皆知的超級食物，富含鐵質和維生素C。

質的含量也不少，但不如大家所以為的那麼高。它也含有植物性化學物質玉米黃素和葉黃素，那是保護眼睛，減緩它們老化的物質。

白花椰菜與綠花椰菜

這兩種蔬菜的花朵應要緊密、堅實、無枯萎或褪色。這兩種都有外國品種，例如紫色芽苞青花椰菜與白花椰菜的混種，這些也可用來打汁，但較昂貴。綠花椰菜嚐起來微苦，而白花椰菜則嚐起來有奶油般的口感。它們可以少量使用，搭配其他味道溫和的蔬果，例如胡蘿蔔或甜菜根（甜菜）。

營養成分

這兩種蔬菜與甘藍菜和球牙甘藍一樣，被認為是抗癌食品，也是蔬果汁常見的添加物，它們並不會致使甲狀腺腫大，但維生素K含量很高。而綠花椰菜，則是維生素C的良好來源。

萵苣

萵苣有很多品種，葉子較堅實的，比柔軟的容易打汁。大部分品種打汁後含有微苦味，所以宜少量與蔬菜或水果混合搭配。

營養成分

萵苣以催眠、鎮靜、嗜睡效果為人所知。它富含天門冬素，蘆筍裡也含有天門冬素，具有輕微通便及清潔消化器官的功效。

羽衣甘藍與豆瓣菜

這兩種蔬菜都有強烈的味道，羽衣甘藍（kale）微苦，而豆瓣菜有辛辣味，所以只加少量到果汁即可。它們最好與其他蔬菜汁搭配。

營養成分

豆瓣菜和羽衣甘藍是營養的發電廠，經常被打成蔬菜汁。豆瓣菜是鎂、鈣與鐵的絕佳來源，也富含硫磺，對毛髮與指甲的健康有幫助。

其他葉類蔬菜

葉類蔬菜有很多種，具有微苦或辛辣葉子的包括菊苣、芝麻菜、比利時菊苣和苦苣，這些最好都少量使用，且應與其他蔬菜汁，如口味較甜的葉子包括小白菜和白菜混合——它們和蔬菜及水果汁搭配，都很對味。

營養成分

葉菜是絕佳的礦物質來源，深色葉子含有很多類胡蘿蔔素，可

幫助中和游離基。苦味葉菜含有一些被認為可清潔肝臟、膽囊和消化器官的化學物質。

野菜

當你外出時，四處張望一下，就可發現很多野菜，而且這些野菜容易被納入菜色中。蒲公英、酸模和蕁麻都很常見，而豆瓣菜也可在某些地方找到。在採集這些植物之前，要正確的辨識它們，並要確認它們未被噴灑除草劑。

營養成分

野菜傳統上被用來治療貧血症，蒲公英葉子被用來強壯神經、平衡酸鹼值，對關節炎很有幫助。蕁麻被認於對抗花粉熱症狀很有效，人們也認為它對舒緩風溼病和解決神經性濕疹有幫助。

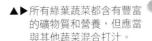

▲▶ 所有綠葉蔬菜都含有豐富的礦物質和營養，但應當與其他蔬菜混合打汁。

入菜用的水果

有些蔬菜實際上是植物的果實，雖然他們並非我們通常所認定的水果應有的香甜，如果讓它們在藤蔓上成熟，它們會特別富含多種營養素。

準備與製作入菜用的水果的果汁

你需要一塊砧板、一把銳利的刀子、一支湯匙、一支叉子、一台果汁機或食物調理機，以及一台果菜機（剁碎式或離心力）。

準備酪梨

要確認酪梨已成熟，先壓它的皮，它會輕微凹陷，以直式把酪梨切成兩半分開，並用湯匙挖出果核。挖出果肉，把它與其他食材放入果汁機或食物理機中攪打（酪梨太軟，不宜放入果菜機中打汁）。你也可以用叉子把果肉打碎，再拌入飲品中。

製作甜椒蔬菜汁

把甜椒直直切半，柄、籽和白色軟組織都切掉，放在流動的水下面洗濯，以去除任何未挖淨的籽，然後把甜椒放入果菜機中打汁。

蕃茄去皮

蕃茄可整顆打汁或去皮再打汁。若要去皮，先將蕃茄放入碗中，再倒上滾水，放置浸泡2~3分鐘，拿出蕃茄，以刀尖在皮上劃一下，它的皮就會開始鬆脫。把皮撕掉，以果汁機或食物調理機來攪打蕃茄。

酪梨

酪梨適當成熟時，富含脂肪且有些微像堅果的味道，它們會讓蔬果汁有奶油般的質地，而且可以當作牛奶的代替品，用來讓綜合飲品變濃稠。它們與多數蔬菜都很搭調——添加一點檸汁會降低脂肪感，且延緩蔬果汁變色。

▲酪梨含有非常豐富的維生素E，對皮膚很有幫助。

營養成分

酪梨是脂肪酸的絕佳來源，那是與心臟健康有關的物質，它們也含有很多維生素E，對皮膚健康是不可或缺的。

甜椒

雖然甜椒有很多不同顏色，是同一種蔬菜——青椒只是尚未成熟的紅色甜椒。甜椒採下後，不會再變熟很多，所以它們不會再改變顏色或變甜。黃、橙、紅色甜椒的味道是類似的甜味，青椒則有些微多一點的苦味。

甜椒會搶了蔬果汁的味道，所以最好少量使用，它們最適宜與蕃茄汁搭配。

營養成分

甜椒是維生素C最豐富的來源之一，所以對免疫系統有幫助，黃、橙和紅色甜椒含有高度的抗氧化物β-胡蘿蔔素。

蕃茄

蕃茄味道清淡，成熟時甜，未成熟時酸，要有最佳味道，必須選用在藤蔓上成熟的蕃茄。蕃茄與其他大多數蔬菜和水果都可混合得很好，它們通常用來做基底果汁，因為它們量多且種類具多樣性。

營養成分

蕃茄是茄紅素的重要來源，那比β-胡蘿蔔素有更強的抗氧化作用，它們也被認為有抗癌功效。

▲把蕃茄儲存在室溫下，可獲得最佳的味道。

南瓜屬蔬菜

這類蔬菜含有很多水分，非常適合放入果菜機裡打汁。黃瓜整年都有出產，用來打汁的最好品種是英國（溫室）黃瓜。櫛瓜（美洲南瓜）也是整年都有出產，但夏季品質最好，其他南瓜屬蔬菜則大多在秋天出產。黃瓜和櫛瓜應放於冰箱保存，但其他南瓜屬植物可於陰涼乾燥的環境存放1~2週。

準備與製作南瓜屬蔬菜汁

要對南瓜屬蔬菜打汁，你需要一台果菜機（離心力或剁碎式皆可），一塊清潔的砧板和一把銳利的刀子。

準備黃瓜和櫛瓜

清洗外皮，如果蔬菜有上蠟，則要以刷子刷洗。無需削皮或去籽，也可依個人喜好削皮去籽。切成大塊，放入果菜機中打汁，你也可用果汁機或食物調理機攪打，因為它們含有較多水分。

製作南瓜屬蔬菜汁

先挖出大部分的籽，也可依你喜好留下一些。把皮切掉，把肉質部切大塊放入果菜機中打汁。

黃瓜和櫛瓜

所有黃瓜打汁後，都清淡可口，然而小黃瓜味道最棒，它們與蔬菜水果都可混合得很好，是作為基底蔬果汁理想食材。櫛瓜（美洲南瓜）打汁後與黃瓜類似，但沒有那麼甜。

營養成分

黃瓜和櫛瓜的營養主要集中在外皮，這就是為什麼你要保留外皮。如果皮太苦，你可嘗試削掉一半。這些蔬菜有強烈利尿功效，並幫助降低血壓，它們對毛髮與指甲健康也有助益，並幫助緩和風濕病的症狀。

南瓜與冬南瓜

這兩種南瓜屬蔬菜產生的汁液有令人訝異的甜味與像堅果般的風味，但這並非要你單獨飲用。把四分之一南瓜或冬南瓜汁液與四分之三的其他蔬菜汁混合，例如胡蘿蔔或黃瓜，再添加一些能給它帶來活力的東西，例如洋蔥。

營養成分

要加一點籽到蔬果汁中，因為籽含有很多鋅和鐵質，與這一科的所有蔬菜一樣，它們有幫助腎臟以及對抗水分滯留的功效，也是一種稱為多甲藻素（carotenoid）的抗氧化物的發電廠。

▲南瓜的汁液甜而有堅果般味道，最好與其他味道混合。

▲櫛瓜的皮營養價值很高，所以榨汁前切勿去皮。

蔬果汁湯

生蔬菜汁也可被用來當作湯品，可於夏天享用，並以奶油或優格以及切過的新鮮香草植物做裝飾。在冬天，也可把它們加熱（但不要煮熟）。西班牙涼菜湯（gazpacho），就是以此方式，用生蕃茄、黃瓜與鐘形甜椒做成的傳統蔬菜湯。

豆莢、嫩芽與球莖類蔬菜

這些蔬菜都需要放入果菜機中打汁，它們會產生強烈味道，所以需要與其他蔬菜混合。豆莢和球莖有一個共同特性，就是它們帶有種子，日後可長為植物。這意味著植物成長的所有養分都儲藏在豆莢或球莖內，等著被使用，所以你會攝取到額外的營養額外價值。嫩芽也具有高度營養價值，因為它們處於成為一株完全成長的植物之前的階段——它們含有極多養分，以供植物成長。

準備與製作豆莢、嫩芽與球莖類蔬菜汁

要對豆莢、嫩芽與球莖類蔬菜打汁，你需要一台果菜機（離心力或剁碎式）、一塊砧板與一把銳利的刀子。

準備豆莢

菜豆（青豆）、蠶豆、紅花菜豆和糖莢豌豆，除了要確定它們的清潔，無需再做什麼準備。它們不需被抽去豆莢的筋，也不須修剪，因為果菜機會把我們所不要的部分，變成蔬菜糊。

準備球莖蔬菜

把外葉剝掉，在打汁前把這些蔬菜徹底清洗，然後切塊，要切成適合你機器的大小。洋蔥、青蔥、韭蔥、茴香和芹菜的外葉或外皮不一定要去除，但必需要徹底洗淨，因為它們大多很髒。

製作嫩芽蔬菜汁

所有蔬菜，除了朝鮮薊之外，都可以在洗淨後，以原狀放入打汁。對於紫苜蓿和水芹，可能要把嫩芽從根上割下，因為根是埋在土裡的。你需要把嫩芽蔬菜與硬質蔬菜（例如胡蘿蔔）輪流放入果菜機內打汁，否則打不出汁來。

準備朝鮮薊

去除木質莖部，然後把剩餘的花球切成塊狀，放入果菜機中攪打。

豆子與糖莢豌豆

選擇硬實而脆的豆子——你可從蠶豆、紅花菜豆和菜豆（青豆）中選擇，要避免使用已去筋或快變軟的。購買當令且當地生產的農產品是最好的選擇，因為非時令的豆子，經常是從那些對噴灑化學物品無什規範的國家進口的。豆莢類打汁後，味道不是很討喜——你會想要混合其他蔬果汁；糖莢豌豆則例外，它可做出非常清淡且甜美的汁液。

營養成分

傳統草藥學上是作為神經系統的興奮劑，或用在病後恢復期，或治療痛風，或幫忙胰腺製造胰島素。

茴香與芹菜

這兩種球莖蔬菜可打出非常有用的果汁，它們的味道非常強烈，所以最好加到其他蔬果汁中，例如胡蘿蔔、蘋果或梨子，以五分之一茴香或芹菜比五分之四其他蔬果汁的比例混合。茴香的味道與洋茴香的果實（aniseed）相似。芹菜打汁後，當與其他蔬果汁結合時，味道不會像生芹菜那麼強烈。芹菜要購買堅實淡綠色的，味道才會最棒。

營養成分

這兩種球莖類蔬菜對於清掃體內的效果類似，它們是支援肝藏和膽囊健康的絕佳物品。芹菜有強烈利尿效果，並常被用來鎮定神經系統。而茴香常被用來治療胃腸脹氣和嘔吐。茴香與胡蘿蔔汁傳統上用來治療視力不良，茴香也被用來對抗頭痛與偏頭痛，有些人甚至相信它可幫助減輕月經與更年期症狀。

◀茴香汁的味道強烈，會壓過其他味道。

洋蔥與韭蔥

所有蔥類，包括冬蔥（shallots）、春蔥（青蔥）、甚至紅蔥（義大利蔥），都會產生味道強烈的汁液，你只需少量加入即可。韭蔥汁不像蔥類汁液那麼強烈，但有類似口味。蔥類的一個問題，就是像大蒜一樣，會在機器的網子上殘留氣味，也就是你需要額外的清洗，把半個檸檬放入機器內運轉，可幫你去除氣味。

營養成分

這些球莖類蔬菜以某些療效著稱。當染上傷風或流行感冒時，蔥類被推薦為有提升免疫力的效果。它們也有抗菌和防腐效果；韭蔥有類似但較弱的效果。

蘆筍

蘆筍在春天出產，適合加入其他蔬菜汁調配，而不適合單獨飲用。

營養成分

蘆筍傳統上被用來做腎臟病的

治療物，這種生物鹼稱為天門冬素，在馬鈴薯與甜菜根（甜菜）裡也有。天門冬素刺激腎臟，但也讓尿液呈暗色，且有獨特氣味，不過你無需擔心，這只是顯示出它有很好的利尿效果。

豆芽、水芹和紫苜蓿

多數大型超市都買得到豆芽和水芹，紫苜蓿則可能要到健康食品店購買，你也可以購種子孵芽（參見右側）。它們的汁液味道強烈而帶辛辣，所以需要與其他蔬菜汁混合以降低氣味。做成沙拉比做成果汁容易，但有些人喜歡它們獨特的味道而用來打汁。

▼豆芽能產生獨特而辛辣的汁液。

營養成分

這些嫩芽蔬菜有很多營養價值，豆芽含豐富的多種礦物質與維生素。水芹則是芸苔屬植物，所以被認為可提供相同的抗癌保健效果。紫苜蓿有高度維生素A、C和K，但不要太常食用，因為它含有一種稱為刀豆氨基酸的化合物（canavanine），那被認為會加劇風濕關節炎。

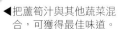
◀把蘆筍汁與其他蔬菜混合，可獲得最佳味道。

自己孵芽菜

豆科植物的豆子（leguminous beans）、各種食用豆類（palses）、扁豆（lentils）和豌豆（peas）不適宜打汁，但可把它們浸泡發芽後再打汁。

1.把一種豆類放在一個大玻璃罐中，倒入冷水，浸泡24小時後倒掉水，在冷而流動的水下方洗濯豆子，再以篩子濾乾。

2.把潮濕的豆子放回罐子內，以布蓋上，並以橡皮筋紮緊。

3.把豆子放在幽暗溫暖之處，每天2次重複洗濯與濾乾之動作，做3~4天。

4.當豆子發芽後，把它們放到窗台上24小時，直到嫩芽變綠就可以拿來打汁了。

朝鮮薊（globe artichoke）

這種朝鮮薊實際上是與薊（thistle）有關的花，通常我們食用的部分是球莖的內心和連接到中間的花瓣，但你可將整粒蔬菜打汁，只需去除木質部分即可。

營養成分

朝鮮薊有清潔體內和利尿的效果，也常被用來幫助解決肝臟的毛病，它也可被用來作為狂歡或宴會後，有效恢復元氣的食材。

45

天然調味料與健康補充品

香草植物和香辛料被用於食物的調味與健康及治療的目的，已有多年時間。在這幾世紀中發展出來的傳統草藥，有些現在已被確認為是有效的調配藥物，治療方法也有改良。

烹飪用香草植物

它們常出現在我們每天的菜餚中，因而我們很容易忘記烹飪用香草植物有重要的促進健康特性。大部分新鮮香草植物與蔬菜汁都很搭配：它們應該與較硬食材一起放入果菜機打汁，如此機器才不會阻塞。另一種做法是浸泡於蔬果汁內，但不要放太久才喝，否則，果汁的營養會減少。新鮮香草植物也可以被細細切過，放入蔬果汁中作為裝飾。薄荷加上檸檬香蜂草與果汁非常對味。薰衣草的花、琉璃苣（borage）和新鮮迷迭香也可被用在綜合果汁中。

羅勒

新鮮羅勒有股刺激辛辣味與甜美的芳香（basil），它是為人熟知的催眠香草植物，因為它會令人非常放鬆，把它放入果菜機中打汁，接著放硬質蔬菜，或以研缽和杵把葉

◀羅勒可用來打汁或作為可口的裝飾。

子搗碎。另一種做法是用熱水泡成草藥茶，然後把茶水加入果汁或綜合飲品中。

薄荷

薄荷（mint）產量極多有很多品種，它也有強力的幫助消化功用，不同品種味道會有差異，但所有薄荷都有強烈的甜美芳香以及清涼的餘味，可以泡成草藥茶並用來稀釋果汁。

▲如果可能的話，在你花園裡摘取新鮮薄荷，以得到最佳的風味。

巴西利

巴西利（parsley）有兩大品種：葉子捲曲和葉子平坦的，後者有較強的氣味，少量使用即可。這種香草植物富含很多營養，包括鈣質和β-胡蘿蔔素，它可被放入果菜機中打汁，但要接著放入硬質蔬菜，例如胡蘿蔔。

細香蔥

細香蔥（chives）是洋蔥科的一員，帶有溫和的洋蔥味。它們與所有洋蔥與韭蔥一樣，能支援人體免疫力。

迷迭香

迷迭香（rosemary）是神經與循環系統的興奮劑，也被認為能舒緩消化不良的毛病，它傳統上被用來緩解感冒與頭痛。

鼠尾草

新鮮鼠尾草（sage）有辛辣微苦的芳香，它能有效緩和更年期熱潮紅的流汗副作用。你可以把它用熱水沖泡成草藥茶，並用它來稀釋果汁。授乳期婦女請勿使用鼠尾草，因為使汁減少乳汁。

蒔蘿

蒔蘿（dill）有獨特但溫和的類似葛縷子味道。蒔蘿與所有綠色蔬果汁和胡蘿蔔汁都很對味。它是有鎮定效果的香草植物，也有為人熟知的催眠效果，而且能幫助消化。

▲蒔蘿與胡蘿蔔汁很配，並且能幫助消化。

杜松子

杜松子（juniper berries）有防腐作用，也被用來治療尿道感染，例如膀胱炎。如果懷孕或腎臟感染，則不應使用杜松子，因為它們會引起子宮收縮。

烹飪用香辛料

如同烹飪用的香草植物一樣，香辛料很容易被忽視，因為它們入菜時只使用極少的量，然而它們能為蔬果汁與綜合飲品增添極佳風味，也有非常重要的治療功效。

辣根

辣根（horseradish）對人體有益。把一些辣根磨碎，把所需之量加入蔬果汁中，但不要把辣根放入果菜機打汁。

▲把一點辣根磨碎加到果汁中，以增加額外的香辛味。

紅辣椒

紅辣椒（chilli）從非常溫和到像火燒般的辣，各種口感都有。人們相信紅辣椒的辛辣，可幫助建立起強壯的免疫系統，而且可避開即將來襲的感冒發燒。只添加很少量在蔬菜汁內，不要放入果菜機內打汁，否則，下場會是帶有辣味的果汁。以研缽和杵把它們搗碎，但要避免使用它們的籽，除非你嗜辣味。

▲要把紅辣椒打汁前，必須先去籽，除非你喜愛辣而香辛的綜合飲品。

小茴香

小茴香（cumin）有堅果味，但微苦，它是最強力、富含抗氧化劑的「超級香辛料」之一，這種活性化合物稱為薑黃素（curcumin）。把它們的種子乾燥烘烤，再以研缽和杵搗碎，加入飲料中。

薑

新鮮或磨碎的薑（ginger）有刺激性且非常辣，是一種能讓身體發熱的香辛料，搭配水果汁或蔬菜汁都很對味，用以襯托柑橙類水果則格外的好。如果可以的話，要使用新鮮的薑，否則使用磨碎的薑，或加工為營養補充品的薑。

▲薑辣而有香辛味，所以要少量使用。

肉荳蔻

肉荳蔻（nutmeg）是一種溫暖性質的香辛料，它甜而芳香，但不要使用太多，因為它可能會有令人非常不愉快的迷幻效果。

荳蔻莢

小荳蔻（cardamom）莢可幫助舒解嘔吐及消化不良，咀嚼它時，你的呼吸會有甜味，所以也被用來治療感冒。

大蒜（Garlic）

蒜球有刺激性，且被熱愛製作果汁的人視為「超級香辛料」。它有強力淨化血液之功效，並支援免疫系統運作，但最好不要放入果菜機裡打汁，否則味道很難去除，你可以用研缽和杵搗碎，直接加一點點到果汁裡。

八角

八角（star anise）有獨特的茴香味，用來治療呼吸道發炎、化痰和鎮定胃潰瘍很有效。把籽磨碎，加入蔬果汁中。

丁香

丁香（cloves）萃取出來的油在傳統上的牙科治療中，是被用來麻痺牙齦，也被用來緩解小孩長牙的疼痛。把它泡成丁香茶加入飲料中，可有抗菌效果，然而丁香味會蓋過其他食材。

肉桂

肉桂（cinnamon）是肉桂樹的皮，有助於舒解胃痛，也可用來恢復食慾、舒解消化道痙攣，及緩和胃腸脹氣。可以把新鮮的香辛料磨碎，加半湯匙到果汁或牛奶果汁裡──它的味道與香蕉、梨子和胡蘿蔔很搭配。

其他有用的香草植物、香辛料和健康補充品

要把藥用香草植物加入綜合飲品和果汁中很簡單，然而，要這麼做以前，務必確認它們與你正在服用的藥物沒有任何禁忌或交互作用——要與你的醫師確認過。

甘菊

甘菊（chamomile）有類似蘋果的香氣，可以掩飾它辛辣、微苦的味道。它是一種令人鎮靜的香草植物，甚至兒童食用都很安全。你可使用甘菊茶包，那在大型超級市場及健康食品店裡都買得到，或以4~5朵新鮮花朵泡成茶，再把茶水加入你蔬果汁中。任何對狗舌草（ragwort）過敏的人，都不應使用甘菊。

銀杏

銀杏（ginkgo）非常有益於循環系統，並被認為能提升記憶力，你只需把一顆銀杏膠囊的內容物倒入飲品內攪拌均勻即可。

野玫瑰果（resehip）

玫瑰的紅橙色果實含有極高的維生素C，野玫瑰果（resehip）經常以粉末狀或錠狀

▲野玫瑰果通常被做成粉末或錠劑。

出售。加少量的粉末到飲品中（查看包裝以確定用量），或把一顆錠劑打碎加入，或泡成草藥茶加入蔬果汁中。

人蔘

人蔘（ginseng）是帶有甘草（liquorice）甜味的植物根部，被用來提升精力，有些人甚至相信它可提升性慾。它也對治高血壓有幫助，你可以在健康食品店買得到。你只要倒入一顆人蔘膠囊的內容物或灑一些人蔘粉（依照指示）到飲品中即可。

牛奶薊

牛奶薊（milk thistle）是一種重要的支援肝臟的香草植物，它和朝鮮薊是很好的搭檔。它可幫助預防肝臟因酒精而受損。把1~2牛奶薊膠囊的內容物倒入你的綜合飲品中。

甘草

甘草（liquorice）有著溫和的類固醇效果，且有助於減緩過敏症狀；但它不適用於正在進行類固醇療程或有高血壓問題的病人，因它會造成血中鈉含量過高或鉀含量過低。甘草可在健康食品店購得，磨碎後可直接撒在飲品上。

紫錐花

紫錐花（echinacea是一

種傳統用來提升免疫力的香草植物，經常混合在水果茶或香草植物茶中。人們總是在冬天食用紫錐花，以擊退感冒和流行性感冒的症狀。做成酊劑的紫錐花到處都買得到，可以直接加幾滴到飲品中，或是依指示添加，又或是以熱水來泡紫錐花茶，再加到飲料中。

其他健康食材

一旦了解健康補充品也可以被加到蔬果汁內（但必須先了解有無任何使用禁忌），你在創作飲料選用食材時，就可能極具變化。它做法簡單，勝

一種天然藥物

小麥草是小麥發芽後的嫩草，幾世紀以來已被認定具有治療作用。它是強效解毒劑及身體清掃劑，也富含維生素B與維生素A、C和E，以及各種礦物質。它鮮活的綠色是來自葉綠素（為人所知悉的天然藥物），可在肝臟上運作，幫助減少有害的毒素。小麥草一旦打汁，應當在15分鐘內喝完，最好空腹喝。小麥草汁的效果可能很強，有些人第一次喝時會感到暈眩或作嘔，請少量啜飲，直到你的身體適應。

▲甘草可幫助舒解過敏症狀。

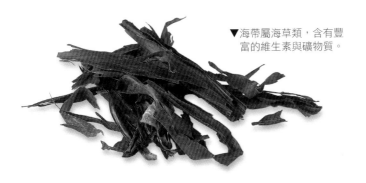

▼海帶屬海草類，含有豐富的維生素與礦物質。

過每天服用數不完的維生素與營養補充品藥丸。

啤酒酵母

啤酒酵母含有非常豐富的維生素B群以及礦物質，例如鐵、鋅、鎂和鉀。它也提供一種蛋白質。味道強烈，但在混合水果或蔬菜後，會變成一種悅人的堅果味。

蜂膠

可以提升免疫力和緩解花粉熱症狀。

螺旋藻和小麥草

螺旋藻（spirulina）是超級健康蔬果汁的主要食材之一，富含多種營養與維生素。螺旋藻和小麥草都經常被用來作為強效的健康蔬菜果汁的食材。它們已被加工製成粉末，使用上非常方便。你也可以自己在家種植，就能享有免費的了。

維生素C

加一點維生素C到每天喝的蔬果汁中，是一件非常簡單的事。無論你是擠壓一點檸檬或萊姆汁，或灑一些維生素C粉，或是搗碎一顆維生素C錠加入皆可。維生素C也有不酸的，例如抗壞血酸鎂，在我們胃裡的感覺就比其他大多數維生素C要溫和。要確定你選擇的是含有生物類黃酮，才能獲得最大的效果。

海帶

這類海藻含有很豐富的鈣、銅、鐵、鎂、鉀、鋅等天然礦物以及維生素B群和β-胡蘿蔔素。碘的含量極高，是維護甲狀腺正常運作的重要營養素，但甲狀腺功能亢進者則不應食用。海藻類例如海帶，長久以來被用來治療感冒、便祕、關節炎與風濕。

接骨木漿果萃取物

買不到莓果或價格太貴時，只需加一湯匙到蔬果汁裡即可，它是前花青素的豐富來源並可提升免疫系統。

蘆薈

水分含量高，可做成兩種產品：一種是蘆薈膠，用來緩和皮膚發炎及曬傷，另一種是蘆薈汁，可加到蔬果汁和綜合飲品內。蘆薈汁以能降低關節炎症狀和濕疹而著稱，它也能安撫及重整消化道。請選用經認證的產品，以保證內含量的活性化合物，然後根據包裝上的指示劑量。

脂肪與油

健康的脂肪是必需脂肪酸的良好來源，它有助於解除一些毛病，包括皮膚乾燥、毛髮枯乾和精力不濟。

卵磷脂

這是一種從大豆擷取出來的乳化劑，在食用任何脂肪之前，把卵磷脂加入蔬果汁或綜合飲品內飲用，非常理想。加入1~2茶匙卵磷脂到果汁機內的食材裡，它口味悅人，並幫助脂肪消化。

月見草油

它可用來減緩月經來潮前的毛病，也對過敏有效。以大頭針把膠囊刺破，擠壓到果汁或綜合飲品中。

胡桃油

這種油有一種悅人的堅果味道，而且很清淡，不會蓋過蔬果汁的味道。它是Ω-3和Ω-6脂肪酸的良好來源，對神經及荷爾蒙健康有幫助。加入1~2茶匙到一杯蔬果汁中。胡桃油需冷藏。

▲胡桃油有一股堅果味，與大部分蔬果汁都很搭調。

亞麻籽油

它是「特級油」，含有高度Ω-3脂肪酸，加入1~2茶匙到果菜汁中。亞麻籽油要存放於冰箱。

堅果與種子

堅果與種子是蛋白質、纖維、維生素E和礦物質鋅、鐵、硒、鎂和鈣的絕佳來源。它們也提供類似維生素的油脂，稱為必需脂肪酸，那對健康的神經系統、荷爾蒙平衡和細胞的組成是必須的。它也有強力的抗發炎效果，有助於控制很多疾病。遺憾的是，雖然它們有如此多有益健康的優點，但有些人會對堅果和種子過敏──花生和芝麻是主要罪犯──所以端出含有堅果和種子的綜合飲品前，要先確認他們不會過敏。小朋友更要格外當心，畢竟他們不知道自己會過敏。

有很多方法可以把堅果和種子加入蔬果汁和綜合飲品中，例如用小型堅果磨碎機（要分別購買，或是食物調理機的配件）磨碎，或用研缽和杵搗碎，然後加到奶油狀的飲料和蔬果汁中，充分攪拌。把碎堅果和種子灑上牛奶果汁和奶昔，也是很好的裝飾。

堅果

選擇整顆未加鹽的堅果來做綜合飲品和冰沙，務必查看包裝上的到期日。打開一包堅果後，把未用完的堅果放在有旋轉蓋子的玻璃罐內，存放冰箱中以保新鮮。你的選擇有胡桃、巴西胡桃、開心果、美洲薄殼胡桃（pean nuts）、榛果或杏仁，以增加混合飲料的風味與脆感。花生並非真正的堅果，它是豆莢，屬豆科植物的一種，這也是為什麼有些人會對它過敏的部分原因。

你可以使用各種滑順的堅果醬來取代整顆堅果，在超級市場或健康食品店裡都買得到。把它們直接加到綜合飲品中，充分攪拌。美味的堅果和種子打成的奶漿，如杏仁奶（參照右

側）製作方式很簡單，在家裡就可以做。它們可加在牛奶果汁或奶昔中，以增添強烈的堅果味。當堅果被用來代替膳食中的其他油脂食材時，對人們有治療上的重大益處，例如，假使你固定食用胡桃，可幫你降低心臟病疾病的危機，而食用花生可降低罹患糖尿病的危險。

▲▲開心果為綜合飲品添加了優美的綠色，而美洲薄殼胡桃與香蕉的組合，特別對味。

製作杏仁奶

幾乎任何堅果和種子都使用這個方法。

1. 把115克整顆杏仁放入碗中，倒入滾開水，水蓋過杏仁，放置5分鐘後將水倒掉。

2. 輕壓杏仁以去皮。

3. 把去皮杏仁與250ml水放入果汁機中，充分攪打。

4. 再加入250ml水，繼續攪打，直到成為濃稠糊狀。

5. 慢慢再加入更多水，直到你所需要的濃度，大約在奶油狀與牛奶狀之間的稠度。

6. 讓機器繼續攪打，直到沒有殘渣，或把杏仁奶過濾，除去殘渣。

種子

　　購買小包裝且已去殼或莢的種子，以存放堅果同樣的方式來儲存，你的選擇有南瓜子、向日葵子、松子、亞麻籽與芝麻。

　　椰子不是堅果，而是大型種子，它的飽和脂肪含量很高，所以最好限制椰肉與椰漿的使用量。亞麻籽特別富含脂肪酸裡的Ω-3群組裡的一項重要成分。從亞麻籽裡擷取出來的烹飪用油稱為亞麻籽油。芝麻可做成一種濃稠而口感豐富的糊狀物，稱為芝麻醬，可以把它少量添加到混合飲料中，深色塔希尼芝麻醬，是使用包括種子外皮的整顆種子，鈣質含量約芝麻醬的10倍，其鈣質含量足可匹敵牛奶。

▲松子儘管歸類為「堅果」，但實際上是一種種子。

穀類與纖維

　　製作果汁和綜合飲品時，我們有時會夾帶額外的營養食材，穀類是複合維生素B、維生素E、鈣、鎂、鐵、鋅和必需脂肪酸的絕佳來源。

▲在攪打飲料時，短米很適合作為增稠劑。

小麥胚芽

　　呈粗糙粉末狀，加入1茶匙小麥胚芽到牛奶果汁裡，是很容易的事。

▲把少量的小麥胚芽粉加入綜合飲品中。

燕麥片

　　選用細燕麥片，添加2~3茶匙到綜合飲品中，或與蜂蜜一同加到牛奶中，作為夜間飲料。燕麥片提供溫和可溶解的纖維，能有效降低膽固醇。

米

　　如果你對小麥過敏，可選擇米作為增加牛奶果汁或奶昔稠度之物。煮過的短米（pudding rice）很好用。

麥麩與洋車前子

　　麥麩到處都買得到。而洋車前子可在健康食品店買到。燕麥麩含有可溶解的纖維，能幫助降低膽固醇，如果你為便秘所若，可嘗試食用麥麩。很多有消化毛病的人覺得麥麩太磨損腸胃，所以另一種較好的方法是加入1~2茶匙洋車前子。

▲椰子極美味，但飽和脂肪含量很高。

乳製品與乳製品替代物

添加牛奶、優格、乳製品或牛奶替代物到混合的飲料中，既奢華又有奶油般的口感，但未必會喝進較多脂肪。牛奶富含鈣質（脫脂牛奶也是），很多牛奶替代物也都有添加鈣質，你可選用低脂製品來控制卡路里和脂肪。乳製品替代物對不耐乳製品的人特別有用，那意味著他們仍可以享受絲滑綿密的果汁。

牛奶

想要濃厚奶香，就要選用全脂牛奶，然而需要避免攝入太多飽和脂肪的人，最好依建議使用脫脂或低脂牛奶。

營養成分

牛奶是鈣質最豐富的來源，全脂牛奶尤其適當年紀較小的兒童使用，他們需要全脂牛奶以脂肪提供的卡路里，來促進成長與骨骼健康。

鮮奶油

若想來個大大的滿足，可使用濃味鮮奶油或淡味鮮奶油、鮮奶油、義大利軟乳酪、史麥塔納奶油，或是口味特別的酸奶油。

營養成分

鮮奶油是維生素E的極佳來源，有助於維持肌膚健康，但鮮奶油的熱量很高，所以使用時務必節制。

優格

如果希望奶昔或果昔濃稠一些，那優格是特別有用的食材，希臘優格（美國脫水原味優格）比標準優格濃稠很多，但含有幾乎與奶油一樣多的卡路里，所以不應經常使用。低脂優格，包括低脂希臘優格，可作為取代，所以你仍可放縱自己，而不用覺得太有罪惡感。水果優格可讓水果綜合飲品增添有趣的風味。

營養成分

優格有豐富的鈣質，甚至對體質不耐牛奶的人也適合，選用活菌優格可提供益菌，幫忙促進消化道健康。高纖優格能降低膽固醇，現在也十分易取得。

▲現今，很多低脂的牛奶替代品都有添加鈣質。

優格也有低脂和全脂之分，原味優格最理想，但你也可嘗試低脂調味優格。

牛奶替代物

非常適合乳製品過敏的人採用，同時也是低卡路里的另一良好選擇。大部分堅果漿裡的脂肪都是健康的多元不飽和脂肪，椰子除外。

豆奶—如果你經常使用豆奶來代替牛奶，選用有添加鈣質的。

米奶—比牛奶稀薄清淡，但有可口的甜味。還有販售香草和巧克力等口味。

燕麥奶—這種牛奶的替代物極有價值，且有奶油般滑順的口感。

堅果奶—椰奶很美味，但是因為它味道豐厚，最好加以稀釋，或是少量使用。大部分大型超級市場或健康食品店都可買到的杏仁奶以及其他多種堅果奶。

▲使用真正的草莓冰淇淋來製作傳統口味的奶昔。

冷凍食材

冰淇淋、果汁雪綿冰、冷凍優格和黃豆冰，都可以直接從冷凍庫取出使用，做成可口的傳統奶昔。

營養成分

含乳製品的冰淇淋是鈣質的良好來源，但它卡路里含量高，而非乳製品的冰淇淋和果汁雪綿冰，則沒有鈣質豐富的這項優點。

低脂奶油食材

牛油乳酪（fromage frais）和原味白乾酪（cottage cheese）都買得到低脂的，並可作為奶油般的增稠劑，微酸口感的酪乳（buttermilk）也可作為替代。

營養成分

這些食材對任何正在膳食中控制卡路里的人，真是太完美了。

豆腐

我們買得到3種不同質地的豆腐：堅實、半堅實以及嫩豆腐。豆腐很爽口，有些微堅果般的味道，它會影響飲料的質地，但不影響口味。質地柔軟、像絲綢般的豆腐最適合加入飲料中攪拌，可以讓綜合飲品增加奶油般的濃稠度。

營養成分

豆腐是全效的健康食品——高蛋白質、低飽和脂肪和低卡路里，易消化且無膽固醇。它的鈣質含量很高，也有很多維生素E，是維持健康皮膚及幫助對抗心臟疾病的重要養分。

雞蛋

生雞蛋含有很高的維生素B12，對神經系統很重要。熱愛運動者經常用雞蛋作為蛋白奶昔的主要成分，或用來治療宿醉，重新啟動身體系統。在你把生雞蛋加入綜合飲品之前，應當了解下列幾點：

- 生蛋白會阻礙身體吸收維生素B7（biotin），如過度食用，可能導致該養分缺乏。
- 懷孕婦女、小孩、病人或老者，或免疫系統損傷者，不應吃生雞蛋，因為有感染沙門氏菌的危險性。雖然有些國家的雞隻會定期施打沙門氏菌預防注射，但仍有來自未注射雞隻的殘留危險性。
- 蛋黃含有高膽固醇，高膽固醇的人應把蛋的攝取限制在一週五顆，然而，因為我們身體會自行製造大部分的膽固醇（細胞的維持需要膽固醇），攝入太多飽和脂肪對人體膽固醇製造會有不利的影響，所以更有利的做法是減少從奶油、乳酪與肉類中，攝取飽和脂肪。
- 經特殊製造，含有高度Ω-3脂肪酸的蛋，現在到處都買得到了，這對心臟健康，可能有重要幫助。

▲生蛋可讓綜合飲品增添極佳的濃稠度，但不是每個人都適合吃生蛋。

◀豆腐含豐富的平衡荷爾蒙的植物性雌激素，可預防某些癌症。

甘味料與其他調味料

我們都會很自然的被甜味吸引。蔬果汁和牛奶果汁的優點就在於當你偶爾對吃甜食的慾望讓步時,仍然可以從飲料中的健康基底食材受惠。

無論是以水果或蔬菜做成的蔬果汁,都有自然甜味,所以你可能會需要稀釋它們,以降低甜度。這很容易做到,只需加入三分之一至二分之一的水即可稀釋,蒸餾水或蘇打水皆可。你也可加入各種奶類材料,加入水或牛奶可確保血糖上升較緩慢。兒童應該飲用稀釋過的蔬果汁,以減少糖分對牙齒的影響。

假使蔬果汁、牛奶果汁或奶昔不夠甜,除了糖——白砂糖、紅砂糖或黑糖——或調味糖漿,例如香草或果汁口味糖漿,還有很多甘味料可以選擇及運用。

蜂蜜

不同蜂蜜有不同味道,視蜜蜂採集哪種花粉而定,較受歡迎的有薰衣草蜜及蘋果花蜜,因為具有芳香的甜味。麥蘆卡蜂蜜以抗菌效果聞名,可以用治療喉嚨痛。注意蜂蜜不可餵食小於12個月大的孩子,因為可能引起大腸桿菌中毒,可能致命。

果糖

你可以使用果糖(一種完全天然的水果糖)來取代砂糖(蔗糖),果糖的升糖指數(GI低於蔗糖),所以糖尿病患者可適度使用(GI是用於測量一種碳水化合物可多快進入血液中並轉化為糖的數值)。

▲赤糖糊很甜,所以一點點就夠用。

赤糖糊

在煉糖的過程中,熬煮從甘蔗莖或甜菜裡榨出的汁,直到變成糖漿狀,然後糖結晶被提煉出來。一共滾煮3次,第一次產生淡色糖漿,然後是深色,最後是赤糖糊。赤糖糊色深而濃稠,是鈣、鐵和鎂的豐富來源,但應只使用一點點。

果寡糖

這是一種天然纖維,香蕉、菊芋(jerusalem artichokes)、蕃茄、洋蔥等眾多蔬果中都含有果寡糖。它看起來像糖,也幾乎跟糖一樣甜,但不會影響血糖濃度。可在健康食品店裡購得。適度使用對消化道健康有益,因為可促進益菌的生長,但若食用太多,會導致身體浮腫。

▲各種不同味道與種類的蜂蜜。

▼加一點酒精到潘趣飲品的大碗中，可以使宴會氣氛高昂起來。

▼嘗試剝一點布朗尼到你最喜歡的巧克力奶昔上。

▼糖霜蛋白加入飲品後，口感會脆得令人難以抗拒。

其他調味料

還有其他很多材料和甜味添加物可加入牛奶果汁裡。在這裡，提升健康的特質變得不那麼重要了──每個人值得偶爾讓自己放縱一下。

咖啡

咖啡有現磨或即溶的，適合加入早晨的綜合飲品中，幫助你清醒。你可嘗試把它加到奶油狀的綜合飲品中，調製成咖啡口味的牛奶果汁或奶昔。如果你對咖啡敏感，可使用無咖啡因咖啡，也可嘗試飲用蒲公英咖啡（dandelion coffee），它以能清潔肝臟而著稱。

巧克力

無論是以融化、磨碎或粉末狀呈現，都令人難以抗拒。黑巧克力對你的身體最有益，因為它富含鐵質和抗氧化劑，但如果你喜歡溫和的口感，建議選擇牛奶巧克力。如果要讓你的一餐來個具有頹廢氣息的結尾，可以把磨碎或削片的巧克力灑上牛奶果汁上端──黑巧克力、原味（半甜）巧克力、牛奶或白巧克力都可以。

糖果

試試把糖果放在飲料杯的旁邊作為裝飾，保證在孩子們的宴會上使人留下深刻印象。也可以把糖果加到綜合飲品中，攪拌入飲料內。土耳其軟糖（Turkish delight）或牛軋糖是不錯的選擇，或也可以在供應奶昔時，配上巧克力棒形狀之可食用攪拌棒。

蛋糕與甜餅乾

布朗尼或糖霜蛋白可弄碎加在牛奶果汁的上端，或加到綜合飲品中以增添特色，你也可使用其他蛋糕或小餅乾，只要它們能為你提供的飲料生色。例如，義大利蛋白杏仁小餅乾（amaretti）有令人喜愛的杏仁香味，若添加在草莓、杏子或桃子為基底的綜合飲品中，將會很可口；或是將酥脆的馬卡龍（coconut macaroons）灑在熱帶水果綜合飲品上。

酒精

當你想要喝杯牛奶果汁放鬆一下，或是讓宴會上提供的果汁增色，可以加一點酒精到你喜歡的飲料中。你可選擇不同口味的飲料，例如咖啡、薄荷或柳橙利口酒，或加一、兩小杯的白蘭地或威士忌，讓你的綜合飲品來點真正的刺激。

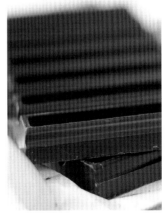

▲用豐厚的黑巧克力創造出傳統而頹廢享樂的奶昔吧。

蔬果汁在健康膳食裡的重要性

保持身心精力充沛、情緒平穩、熱愛生命，以及必不可少的身體健康狀況大致良好，最根本的方法是遵循健康飲食原則。就整體的益處而言，足夠的運動和正面的人生態度也是很重要的。

是什麼構成健康的飲食？新鮮水果和蔬菜是最基本的——每天至少5份——喝蔬果汁能讓你補充水分，也能確定你攝取了足夠的建議量。下列4個很容易遵守的原則能幫你發展出一套養生法，讓你的生命恢復健康。

1. 吃很多不同的新鮮水果，以確定你攝取到所有你需要的維生素與礦物質。
2. 飲食以水果、蔬菜、穀類、豆類、堅果、種子和蛋為基礎，如果你是肉食者，要多選擇瘦肉，並限制食用紅肉。新鮮而未加工的魚經常是較健康的選擇。
3. 盡量不要食用加工的、太鹹、太甜或太油的食品。
4. 喝足夠的水以補充水分：一天的建議量是1.5~2公升。

▲哈密瓜含有豐富的β-胡蘿蔔素，並能增強免疫系統。

具有療效的蔬果汁

為了要從蔬果汁內獲得治療上的益處，你需要定時——儘可能每天——飲用這種被建議的蔬果汁。然而，請記住這種蔬果汁並不可取代均衡飲食與健康的每一餐，而是你定期飲用的保健食品。

蔬果汁被草藥醫生、自然療法者以及營養師拿來預防疾病、減少病痛，已有幾世紀了。然而，任何嚴重病症都不應自我診斷與醫治，如果有任何持續症狀，要經常向你的醫師諮詢。

蔬果汁內的酸性和糖分意味著它們對牙齒有腐蝕作用，要把這影響降到最低，最好把蔬果汁與正餐一起食用。你也可以加入牛奶或牛奶替代品來降低這種影響，因為它們的鹼性能調合酸性——而且富含鈣質的產品也對牙齒有益。喝了蔬果汁之後1小時內要避免刷牙，因為牙齒琺瑯質需要一些時間才會再變硬。

免疫系統之健康與過敏

水果和蔬菜內的抗氧化劑對免疫系統極為重要，有一些水果和蔬菜對這方面特別有幫助，富含β-胡蘿蔔素的食品，例如胡蘿蔔和羅馬甜瓜，以及深紅或藍色的櫻桃和藍莓。含豐富維生素C的食物也很重要，例如黑醋栗和奇異果。特別的化合物，例如葡萄中的白藜蘆醇，以及西瓜和蕃茄中的茄紅素，都被認為有促進免疫系統健康之功效。

芸苔屬植物，包括綠花椰菜、高麗菜、球芽甘藍和白花椰菜被認為是強效抗癌食物。大蒜、洋蔥和韭蔥是對抗傷風、咳嗽和流行感冒的絕佳武器，如果你覺得蔬果汁內的生洋蔥或大蒜味太強烈，可嘗試以溫暖的洋蔥湯或大蒜湯來取代。溫梓是傳統上用來幫助人度過病後恢復期的食物，現代仍有很多人推薦。

任何患有過敏症的人，除非他們對某種水果或蔬菜過敏，不然都可以從一天至少5份蔬果上獲益——強化免疫系統，並提升引發過敏反應的門檻。深紅色和紫色的莓果似乎在這方面特別有效。

抗氧化劑的功效

抗氧化劑可保護你免受許多從自由基引起的疾病侵襲。植物製造這些抗氧化劑來保護自己，但我們把它們吃下時，我們也享受到這種益處。自由基大部分是氧化作用的副產物，例如鐵生銹或切開的蘋果變棕色。在人體內，這種損害會導致白內障、發炎、血管損傷及癌症。維生素A、C和E是抗氧化劑，但還有很多植物性營養也對人有極高的保護作用。只有植物性食物能給予我們這些極具價值的營養，而製成蔬果汁喝，即是一個攝取營養的好方法。

▼存在洋蔥裡的槲皮素對肺部很有幫助。

呼吸系統的健康

我們可使用特定的水果蔬菜來強化與支援細緻的呼吸道組織。在蘋果及洋蔥裡發現的槲皮素（quercitin），有強化肺部功能，深紅色及紫色的莓果也有強力支援肺功能的效果，因為它們含有大量的前花青素。

鼻黏膜炎經常可以因為避開乳製品而減輕症狀。在飲品或一般膳食中加入大蒜也有助於減少鼻黏膜炎的形成。

蕪菁有去痰的功能，極少量的紅皮蘿蔔與辣根，則有助於清潔各種竇（鼻竇、額竇等）。

深受花粉熱所苦的人，可能會發現蕁麻有助於舒解他們的症狀。

清除體內廢物與泌尿系統的健康

讓身體保持於把毒物都清除掉的狀況，顯然是維持良好健康的方法。把含有天然高果膠或鞣花酸的水果打汁飲用，例如蘋果、草莓和葡萄，有助於排毒。

支援肝臟運作的食材包括朝鮮薊、檸檬和小紅莓。茴香汁有助於肝臟解毒，並有助恢復整體的健康。紅皮蘿蔔對膽囊有幫助。膽汁先儲存在膽囊，然後被釋放到十二指腸以協助乳化作用及吸收脂肪。

具利尿效果、減少水分滯留與刺激腎臟的蔬果汁包括芹菜、黃瓜、小紅莓、蒲公英、塊根芹菜、茴香、草莓、桃子和西瓜。將西瓜子留下一起打汁，可額外攝取到鉀，丟入一塊西瓜皮一起打汁，也可獲得額外的營養。在蘆筍中發現的天門冬素，可刺激腎臟，並幫助淨化血液。它讓尿液顏色變深，並有特殊味道，但這事實上並無害，而是顯示了它確實地執行了它的工作。

假使你患了膀胱炎或其他尿道感染，請多飲用新鮮小紅莓或藍莓汁，我們已知道這兩種果汁可幫助預防細菌附著在尿道上。大蒜也是強效抗菌食材，在對抗這種令人不悅且痛苦的情況上，或許能有所助益。

消化系統的健康

擁有一個健康的消化系統是很重要的，如此才能有理想的健康狀況，也才能確定從食物中吸取最多營養。

對於便秘與腹瀉，可每天加1~2茶匙的磨碎亞麻籽或1茶匙洋車前子麩皮到飲料中。有通便效果的水果包括李子、李子乾、桃子、油桃、無花果和梨子。薑是嘔吐的傳統治療物，包括懷孕初期的嘔吐。

蘋果含有大量果膠、蘋果酸和單寧酸，這些都可幫助消化功能的正常運作（也加強肝功能）。

茴香汁對大部分消化疾病是極有幫助的，而消化不良、消化器官受損與胃潰瘍對鳳梨及木瓜反應很好。

甘藍素（cabbagin）是存於甘藍菜中的化合物，可幫助治療腸道，而以馬鈴薯汁來治

▲紅莓可幫助緩解尿道感染。

▼蘋果對於幫助消化及清潔肺部，都很有用處。

▼黃瓜含有豐富的重要礦物質。

療潰瘍很有效。所有水果和蔬菜都是纖維質的良好來源，它可幫助腸子維持健康狀況。飲用牛奶果汁而非果汁可增加攝取纖維質，因為水果的纖維及果泥都保留在飲料中。

循環系統及血液的健康

健康的血液供給能運送最主要的養分——氧，到所有的細胞中，為了循環與血液健康，包括動脈的健康，要確認你吃了很多深綠的葉菜。深綠的葉菜富含葉酸，葉酸可幫助降低同半胱胺酸，那是一種可能導致骨質疏鬆症的物質。柑橙類水果中的生物類黃酮，稱為芸香素與橙皮甘，也支援血管健康運作，能夠幫忙預防靜脈曲張。

生甜菜根汁和蒲公英汁，連同深綠葉菜，傳統上被用來對抗貧血症。結合柳橙汁或蕃茄汁，可加強鐵質吸收。鉀在所有蔬菜當中含量都很豐富，可幫助降低血壓，西瓜、黃瓜、葡萄和香蕉是特別豐富的來源。

生殖系統與性功能的健康

下一代的健康，有賴於父母的健康。父母雙方在懷孕之前，必須處於最理想的健康狀況。但這可能其難度，因為很多婦女直到懷孕數週後，才知道自己懷孕了，而懷孕最早期卻是胎兒健康發展的最重要階段。

就男人而言，鋅是產生健康的精子所不可或缺的，堅果與種子裡含有鋅。就女人而言，懷孕前與懷孕前3個月，葉酸很重要，它用來幫忙形成胎兒的細胞，而且現在已經證實，葉酸不足與胎兒神經管缺陷有關聯，例如神經管閉鎖不全（spina bifida）。葉酸可經由綠色葉菜及柑橙類水果中。

對老一輩的人而言，加一點溫暖的薑和人參到果汁或綜合飲品中，可恢復消頹的性慾。有接近更年期症狀的婦女，可試著每天添加50~90克嫩豆腐或300ml豆奶到飲料中，以攝取它們珍貴的植物性雌激素，因為植物性雌激素與女性荷爾蒙的動情激素很類似。

骨骼與肌肉的健康

趁年輕照顧好你的骨骼是最重要的事，這時候你的骨質密度最大，年老時，密度就會降低。負重運動非常有助於維持健康的骨骼。

我們需要富含鎂的食物以幫助骨骼裡鈣質的利用——這包括所有綠葉蔬菜、堅果和種子。它們也可以減輕肌肉酸痛，包括月經的疼痛。每天飲用富含鎂的果汁或綜合飲品，對促進骨骼健康極有幫助。

黃瓜汁可幫忙對抗風濕性關節炎，其他還有很多果汁對這方面也有助益，包括櫻桃、葡萄、鳳梨和蒲公英。風濕痛可經由喝一些接骨木漿果汁而獲得舒解。

把牛奶、優格或添加鈣質的牛奶替代品加到綜合飲品或牛奶果汁中，是補充鈣質既簡單又美味的方法。維生素D是在皮膚裡形成，它對鈣質是否被骨骼吸收有重大影響。而它最好的來源，是在春季或夏季每天接受半小時的日光照射——雖然在某些氣候下難以達成。如果你在病後恢復期，或易罹患骨質疏鬆症，每天添加一些維生素D補充劑到你的蔬果汁裡。

▲種子含有豐富的鎂，可幫助維持骨骼健康。

▲當你需要放鬆時，就以
無子黑葡萄來打汁吧。

一般的身體健康

蔬果汁有助於讓皮膚散發健康光澤，眼睛炯炯有神，頭髮閃耀動人，而且健步如飛。

富含維生素C的水果和蔬菜，例如柑橘類水果、草莓、黑醋栗、青椒和甘藍菜，能幫助膠原蛋白（collagen）生成，以維持皮膚健康，所以要定期的把這些蔬果加到蔬果汁裡。健康的攝取維生素C，也被證實可預防因眼球晶體的損傷而導致的白內障。若要減輕濕疹症狀，可嘗試每天添加一湯匙亞麻籽油到綜合飲品中——你可加入一茶匙的卵磷脂到綜合飲品中，讓亞麻籽油乳化。

眼睛需要β-胡蘿蔔素來維持良好的健康，而這個抗氧化劑可從藍莓和菠菜這些食材裡大量擷取到。豆瓣菜富含硫磺，可幫助毛髮及指甲健康生長，而黃瓜和櫛瓜對健康的指甲極有幫助。

葡萄長期就被用作臥床療法的食物，但是如果你要提升精力，梨子、香蕉、山藥和甘藷都是加到你綜合飲品中的良好選擇——早上第一件事情就是來一杯這種飲料，以重新啟動你的身體系統。含豐富β-胡蘿蔔素的水果和蔬菜，例如杏子、胡蘿蔔、羅馬甜瓜、紅色甜椒和菠菜可幫助保護皮膚對抗日曬的損傷。

如果你正在吃低卡路里的飲食來減重，可以水果蔬菜為飲食重點，不只具飽足感、營養豐富，卡路里還很低。飲用蔬果汁有助於預防你整天吃零食。要使用脫脂乳製品來取代低脂或全脂的——你仍然可以從它們中攝取同量的鈣質。然而，如果你有血糖忽高忽低的毛病，則要以半量的水來稀釋你的果汁或綜合飲品，而且總是要跟正餐一起食用，慢慢啜飲。

心理與神經健康

平衡的情緒有部分依賴於平衡的膳食。「人如其食」這句諺語，相當適合用來形容心理健康，生理健康如是。

如果你覺得昏昏欲睡，燕菁和蒲公英是傳統的神經滋補品，而豆豆也可刺激神經系統。另一方面，如果你感覺神經緊繃，芹菜真的有讓人安心的效果，而萵苣汁有鎮靜效果，並有助於促進睡眠。燕麥是另一種傳統的鎮定治療物。

薰衣草被認為可減緩頭痛，試著將薰衣草泡成茶再加到蔬果汁裡。茴香也是傳統上用來治療頭痛和偏頭痛之物。神經性濕疹對某些人而言是週期性的問題，當他們覺得不適時就會發作，有時候可以用少量馬鈴薯汁來舒解。攝取足夠的維生素B群營養，有助於記憶和情緒，維生

素B群存在於小麥胚芽、啤酒酵母、優格、蔬菜萃取物、糖蜜、花生醬、柳橙和其他柑橙類水果、甘薯與綠花椰菜中。鎂和維生素B群及維生素C是對抗壓力的營養，有助於支援腎上腺運作，因為壓力荷爾蒙是腎上腺產生的。鎂可在綠葉蔬菜、堅果和種子中找到。維生素B群和維生素C，存在黑醋栗、柑橙類水果、草莓、球芽甘藍（brussels sprouts）和甜椒裡。

▲芹菜撫慰鎮靜之
效果廣為人知。

維生素與礦物質

這些營養我們只需少量，卻不可或缺。很多人沒有攝取到每日飲食建議量（RDAS）裡的營養。飲用以蔬菜做成的新鮮蔬果汁和綜合飲品，自然可增加你維生素和礦物質的每日攝取量。

維生素

維生素A——視網醇

健康的眼睛、皮膚和黏膜（肺、消化道和免疫系統）都需要維生素A。視網醇（retinol）只存在動物性食物裡。膳食中大量的維生素A可導致中毒。β-胡蘿蔔素只在需要時才轉換成維生素A，所以不致於中毒的。

製作蔬果汁：β-胡蘿蔔素存在於橙色水果、蔬菜以及深綠色葉菜裡。因為維生素A吸收時需要脂肪來做轉換與利用，所以添加一點亞麻籽油或類似物至富含β-胡蘿蔔素的蔬果汁裡，會有幫助。

維生素B$_1$

身體製造能量以支援神經系統運作需要維生素B$_1$，它主要存在穀物及全穀類之中。其他含維生素B$_1$但非用來打汁的食物包括豆類植物和肉類。

製作蔬果汁：白花椰菜、鳳梨、柳橙、韭蔥、啤酒酵母和花生都是維生素B$_1$的良好來源。

維生素B$_2$

維生素B$_2$也是製造能量所需，它支援健康皮膚、毛髮及指甲的成長。主要供給來源是穀物及全穀類、魚類和肝臟。

綠花椰菜汁含有不可或缺的礦物質與維生素。

製作蔬果汁：嘗試以綠花椰菜、杏子、菠菜和豆瓣菜來打汁，以獲得大量維生素B₂，或加入少量啤酒酵母到果汁和綜合飲品中。牛奶、優格和白乾酪也是非常好的來源。

維生素B₃

身體製造能量需要菸鹼酸，它也能幫助鎮定。還有一種相當於菸鹼酸的物質，稱為色氨基酸（tryptophan），也存在於肉類、牛奶和蛋中。

製作蔬果汁：把馬鈴薯、豆芽、草莓、巴西利、甜椒、酪梨、無花果和椰棗拿來打汁。也可添加小麥胚芽到蔬果汁及綜合飲品中。

維生素B₅（泛酸）

這種維生素的來源較廣泛，製造能量需要它，它也可用來控制精神壓力。

製作蔬果汁：綠花椰菜、莓果、西瓜、芹菜和甘薯都供應菸鹼酸，小麥胚芽、啤酒酵母、蔬菜萃取物、糖蜜和堅果也是。

維生素B₆

維生素B₆幫助蛋白質代謝，可以支援神經及免疫系統，維持健康的皮膚。它存在於魚、肉、家禽、蛋及全穀類中。

製作蔬果汁：柳橙、芸苔屬植物、香蕉、馬鈴薯和山藥都含有比哆醇。你也可把西瓜子、南瓜子或小麥胚芽加入飲料中。

維生素B₁₂

這種維生素是鐵質的新陳代謝以及健康的神經系統所需要的。它存在於動物性食物或酵母中。

製作蔬果汁：蔬菜萃取物是良好的來源，可以把它加到蕃茄汁或其他蔬菜汁中。被用在牛奶果汁中的牛奶、優格和白乾酪，也含有一些維生素B₁₂。

葉酸

為了使胎兒能健康發展，葉酸的攝取在懷孕之前及懷孕初期是不可或缺的。葉酸與維生素B₁₂和B₆一起攝取時，效果最佳。營養強化的穀物是絕佳來源。

製作蔬果汁：柑橙類水果、綠花椰菜、球芽甘藍、萵苣、馬鈴薯、甜菜根（甜菜）、杏子、南瓜、花生和杏仁都是極富價值的來源。

維生素C

維生素C支援免疫和骨骼健康，修補皮膚及幫助身體恢復健康。它也幫助鐵質吸收，並保護身體，對抗心臟疾病與癌症。

製作蔬果汁：覆盆子、草莓、黑醋栗、柑橙類水果、木瓜和奇異果是維生素C的良好來源。你也可嘗試添加甜菜根（甜菜）、蕃茄、甜椒、甘藍菜、白花椰菜、豆瓣菜和馬鈴薯到果汁和綜合飲品中。

維生素D

維生素D可幫助鈣質建立起健康的骨骼和牙齒，也可對抗乳癌和前列腺癌。它主要是由皮膚曝曬於陽光中而製造出來的。在有陽光的月份，每天半小時讓陽光照射於臉、手和手臂。最有效的膳食來源是含油脂的魚類，例如魚和鮭魚，維生素D也被添加到鎂中。

製作蔬果汁：維生素D可添加到蔬果汁中。維生素丸可幫助補充不足，但要遵照使用說明書，因為過量是有毒的。

維生素E

這種抗氧化劑可對抗心臟疾病和老化，也可淡化血液。全穀類是有價值的來源。

製作蔬果汁：維生素E存在於堅果和種子與它們的油脂中（油脂是用來保護它們免於臭油脂味的）。其他來源包括深綠色葉菜，奶油及小麥胚芽。

維生素K

健康血液的凝結與傷口修復，維生素K是不可或缺的，維護健康的骨骼也需要它。

製作蔬果汁：葉類蔬菜是維生素K的良好來源，但白花椰菜含量最高，優格有助於健康的消化道益菌生長、益菌可製造維生素K。

礦物質

鈣

是健康骨骼所不可或缺的，它對肌肉、心臟健康和血液凝結也很重要。不是用來打汁的營養來源包括帶有骨頭（魚刺）的罐頭魚（沙丁魚和鮭魚）和全穀類。

製作蔬果汁：可用來打汁的來源包括綠葉類蔬菜、綠花椰菜和甘藍菜。羽衣甘藍的鈣質含量與牛奶一樣多，乳製品（但不包括奶油）以及營養強化的乳製品替代物，例如豆奶、米奶、豆腐都含有鈣。

鉻

這種礦物質是被用在耐葡萄糖因子上，那是一種膳食中的化合物，用來調節血糖濃度。食物中，非用來打汁的鉻來源食物包括帶殼的水產動

物、洋菇和雞肉。

製作蔬果汁：胡蘿蔔、甘藍菜、萵苣、柳橙、蘋果和香蕉都是良好的來源，牛奶中也含有鉻。

碘

甲狀腺、新陳代謝、體能和心理功能的健康都需要碘。不是用來打汁的碘來源食物包括魚、白米和碘化鹽。

製作蔬果汁：蔬菜中可含有碘，但僅限於它們是成長於含有豐富碘的土壤中。海草（海帶）是良好來源，牛奶也含有一些碘。

鐵

製造血液和把氧氣傳輸到血液中都需要鐵質，若缺乏鐵質可能導致昏睡及心智功能緩慢。肉類是最容易被吸收的鐵質來源。素食者的蛋白質替代物，例如豆子和扁豆，也是重要的來源。

製作蔬果汁：深綠葉菜和水果乾是適合用來打汁的食物來源。堅果和種子，糖蜜和黑巧克力也可提供額外的鐵質。攝取植物來源的鐵質，若與含有很多維生素C的蔬果汁一起飲用，效果會加倍。

鎂

健康的骨骼需要鎂。鎂與鈣可讓肌肉神經協調。

製作蔬果汁：用來打汁的鎂來源食物包括綠色葉類蔬菜、馬鈴薯、柑橙類水果和水果乾。堅果和種子也含有鎂。

錳

錳參與脂肪和碳水化合物的新陳代謝，非用來打汁的錳來源食物包括蛋和全穀類穀片。

製作蔬果汁：把綠葉蔬菜、豌豆和甜菜根（甜菜）打汁，以獲得錳。也可添加堅果到綜合飲品和牛奶果汁裡。

磷

磷對骨骼和牙齒，以及腎臟健康都很重要。

製作蔬果汁：芹菜、綠花椰菜、甜瓜、葡萄、奇異果和黑醋栗都是用來打汁的食物中，攝取磷的良好來源，牛奶也是。

鉀

健康的神經、腦部健康，和良好的腎功能都需要鉀。它可抵消鹽裡的鈉，幫助降低血壓。

製作蔬果汁：可用來打汁的鉀來源食物包括所有水果和蔬菜。

硒

硒具有抗氧化的效果，對肝臟和心血管健康很有幫助。硒的來源食物包括魚類、全穀類和米。

製作蔬果汁：巴西胡桃（Brazil nuts）是硒的最豐富來源，綠色蔬菜、大蒜、洋蔥、蕃茄和小麥胚芽也是。

鈉

神經功能的健康需要鈉，然而，在我們的飲食中，我們從鹽攝取太多鈉，會導致高血壓和心臟疾病。

製作蔬果汁：鈉在所有水果和蔬菜當中只含少量，而且可被鉀和水分平衡。海草也是另一個鈉的來源。

硫磺

硫磺是用來維持健康的皮膚、毛髮和指甲的礦物質。

製作蔬果汁：含硫磺的食物，適合用來打汁的有甘藍菜、大蒜、洋蔥、紅皮蘿蔔、黃瓜、豆瓣菜、葡萄和莓果。

鋅

鋅與蛋白質的新陳代謝有關，鋅對身體的生長、復原、再生、免疫和消化功能都很重要。肉類和蛋是鋅最豐富的來源，但其他非用來打汁的鋅來源食物包括素食者的蛋白質，例如豆子（beans and pulses）。糙米和全穀類中也含有鋅。

製作蔬果汁：綠花椰菜、白花椰菜、胡蘿蔔、黃瓜和覆盆子都是最適合打汁的含鋅食物。你也可以嘗試添加堅果和種子、小麥胚芽和啤酒酵母到飲料中，因為它們都是絕佳的含鋅食物。

以葡萄和莓果做成的飲品，可提
供保持皮膚健康所需要的硫磺。

食譜

無論你是喜歡綿密、令人愛不釋手的奶昔、健康的蔬菜汁，或含有大量水果的芳香調飲，或是含酒精的提神潘趣酒，你都能在本書中找到最適合你的飲料食譜。

超級健康蔬果汁

本章精選的健康營養蔬果汁，
含有高度營養價值，
以小麥草、豆芽、紫錐花和海帶等天然食材，
結合日常食用之水果蔬菜，
為真正關心自己健康的人，
提供一系列讓人覺得「真好」的果汁。

防風草活力飲

雖然防風草打出來的汁只有少量，可利用果菜機打出濃稠香甜又像奶油般的飲品，極適宜加到任何水果和蔬菜綜合飲品中。提神的茴香、蘋果和梨子可完美襯托防風草強烈的甜味，調製出令人迫不及待想飲用，可加強精力的新鮮果汁。

材料（兩杯份）

材料	份量
茴香	115克
防風草	200克
蘋果	1個
梨子	1個
光滑的巴西利葉	1把
碎冰	適量

廚師的秘訣

防風草在第一場霜降後的幾個星期是最甜的時候，所以當你需要一點冬季的精力飲時，試試這種超棒的果汁吧。

❶ 用銳利的刀子把茴香和防風草切成相似大小的大塊狀。蘋果和梨子各切成4等份，如果你喜歡，小心的去掉果核，然後把這4等份果塊再切半。

❷ 把準備好的水果蔬菜先放半量到果菜機裡打汁，再把巴西利葉及剩下的蔬菜水果全部放入打汁。

❸ 在矮玻璃杯裡放入冰塊，然後把果汁倒入，立即飲用。

體內大清掃

這種蔬果汁含有很多食物精華，你幾乎可感覺到它在你體內清掃及排毒。胡蘿蔔和葡萄除了含有珍貴的維生素外，也提供很多天然的甜分。這種甜分與略微辛辣的芹菜和巴西利新鮮的味道調製在一起，非常完美。定期喝這種果汁來幫助體內徹底排毒吧。

材料（一大杯或兩小杯份）

芹菜莖	1支
胡蘿蔔	300克
白葡萄	150克
大巴西利的嫩枝	數枝
芹菜棒或胡蘿蔔棒，直接使用	適量

❷ 把成品倒入1~2個玻璃杯中，以芹菜棒或胡蘿蔔棒來攪拌。

❶ 用銳利的刀子，大略的切一切芹菜和胡蘿蔔，把半量的芹菜、胡蘿蔔和葡萄放入果菜機中打汁，然後加入巴西利嫩枝。再將剩下的芹菜、胡蘿蔔和葡萄以同樣方式放入果菜機中打汁，直到它們完全混合。

把香草植物打汁時，不要摘除它們一根根的莖柄，因為莖柄含有植物的菁華和味道，而且它們很容易被機器打成汁。巴西利含有鈣質、多種維生素和鐵質，也是天然的體內清潔物與口氣芳香劑。

豆類好壯壯

豆芽有極高營養，富含維生素B和C，它們是少數在被摘下後，還能增加營養精華的蔬菜之一。它們味道溫和，但因為多汁，所以與任何滋補的綜合飲品都很搭配，你可以把它們與另一種超級食物——綠花椰菜——或其他有自然甜味的水果混合，這是真正能強化皮膚、頭髮與一般身體健康的飲品。

材料（一大杯或兩小杯份）

綠花椰菜	90克
梨子	1大顆
豆芽	90克
白葡萄	200克
碎冰與切片白蘿蔔	適量

❸ 把所有材料放入果菜機中打汁。製成後，把成品倒入玻璃杯中，加入冰塊與切片白葡萄一起飲用。

❶ 把綠花椰菜切成塊，要小到放得進果菜機的置入管裡。

❷ 把梨子切成4等份，小心的去心，然後大略的把果肉切成小塊。

廚師的秘訣

當水果蔬菜打汁時，要選用你所找得到最新鮮的食材，如此，果汁才有最佳風味，你也可獲得更多健康上的益處。儘可能選擇有機農產品，這貴一點，但絕對值得。你能夠吃得出不同，身體也會獲得有機蔬果的回報。

小麥草大補帖

小麥草營養價值極高，它是從小麥穀粒長出來的，也是濃縮的綠葉素來源。葉綠素可解除勞累疲憊，也提供酵素、各種維生素與礦物質。它具有獨特風味，所以在這杯飲料中，我們以溫和的高麗菜與之混合，但若用其他蔬菜代替，也可調理出美味的蔬果汁。

材料（一小杯份）

白甘藍菜	50克
小麥草	90克

❶ 大略的把高麗菜切絲。

❷ 把甘藍菜絲與小麥草一起置入果菜機中打汁。倒入一個小玻璃杯，並立即飲用。

免疫力大提升

紅色或橙色水果和蔬菜，對於避免或戰勝傷風或流行感冒特別有幫助。它們也富含強力抗氧化物，可預防多種嚴重的疾病。這種可恢復精神，又含有很多水果的飲品，內含一種名為紫錐花的香草植物，有助緩解傷風和流行感冒的症狀。

材料（兩杯份）

芒果	1小個
食用蘋果	1個
百香果	2個
柳橙的果汁	1顆
紫錐花	1茶匙
礦泉水	適量
冰塊	適量

廚師的秘訣

如果你罹患傷風或流行感冒，或覺得快要感冒了，可服用一茶匙紫錐花，而且一整天可服用數次，然而服用前還是要參照包裝上的建議用量。

❶ 芒果切半，去掉果核，再把果肉挖下來。果肉大略切塊，放入果汁機或食物調理機。

❷ 把蘋果削皮、去心、大略切塊，加到果汁機或食物調理機中攪打，直到滑順。必要的話，把附著在機器容器內壁的果糊刮下來。

❸ 把百香果切半，把果肉挖下來，放入芒果與蘋果的果糊中，加入柳橙汁和紫錐花，然後粗略攪打。

❹ 如果你喜歡，可用一點礦泉水沖淡，分別裝入兩個玻璃杯中；把果汁倒入小瓶中放在冰箱冰涼，在大玻璃杯中放入冰塊，並以芒果片裝飾，然後飲用。

人參蔬果汁

這種色澤鮮艷、帶有強烈氣味的蔬果汁是提升免疫系統的好幫手。人參是天然的萬靈丹，號稱可刺激消化系統，減輕疲勞，紓解壓力、增強免疫系統，甚至引燃減退的性慾。在此，人參是以粉末狀加入蔬果汁中，但它也可以製成錠劑服用。

材料（一杯份）

紅色或橙色甜椒	1個
南瓜	200克
杏子	1大顆
檸檬汁	少許
人參粉	1茶匙
冰塊	適量

廚師的秘訣

當對紅色甜椒或橙色甜椒去籽時，把他們切半，在柄部繞切，再用力拉一下柄，紅或橙色的甜椒心很容易就掉出來了。

❶ 用一把銳利的刀子，切掉並丟棄甜椒心，再大略把甜椒切塊。南瓜切半，用湯匙挖掉種子，把皮去掉，再把南瓜切塊。杏子切半去籽。

❷ 把南瓜、甜椒和杏子塊放入果菜機中，加入少許檸檬汁與人參粉，充分攪拌讓全部材料混合即可。在長玻璃杯中放些冰塊，倒入飲品，就可以享用。

紅色警戒

當你思路毫無條理或需要專心時，最適宜來杯紅色警戒，因為甜菜根、胡蘿蔔和菠菜都含有葉酸。據我們所知，葉酸可幫助維持腦部健康，而且加入新鮮柳橙汁，能給予身體天然維生素的滋養。這種既可口，色澤又鮮豔的綜合飲品，保證會讓你的味蕾興奮。

材料（一大杯或兩小杯）

生甜菜根	200克
胡蘿蔔	1條
柳橙	1大顆
菠菜	50克

❶ 把甜菜根切成扇形；大略的切一下胡蘿蔔；把柳橙皮切掉，再把果肉粗略切片。

❷ 把柳橙、甜菜根和胡蘿蔔輪流放入果菜機中打汁，然後加入菠菜。再把成品倒入玻璃杯中。

廚師的秘訣

只選用新鮮、結實的甜菜根來打汁，不要用煮過的——而且一定要避免使用像醃黃瓜般醃在罐子內的。甜菜根汁有驚人的鮮紅色澤，而且出乎意料的甜，特別在與胡蘿蔔和柳橙汁混合時尤是。

活力蔬果汁

如果你將展開冗長而忙碌的一天，或有事情快逼近完成期限而需趕工，新鮮的梨子是極佳的能量補充物，能讓你的早晨有一個興奮的開端。這道營養的綜合飲品中，含有成熟又多汁的水果、小麥胚芽、優格、種子以及豆瓣菜，是風味絕佳的精力飲，如果你較喜歡非牛奶的食材，可選用山羊奶或黃豆製成的優格。

材料（一大杯份）

豆瓣菜	25克
大而成熟的梨子	1顆
小麥胚芽	2湯匙
原味優格	150ml
亞麻仁（亞麻籽）	1湯匙
檸檬汁	10ml
礦泉水	適量
冰塊	適量

❶ 豆瓣菜（無需去除硬莖）大略切塊；梨子削皮、去心，大略切塊。

❷ 把豆瓣菜和梨子以及小麥胚芽放入果汁機或食物調理機裡攪打，直到滑順。必要的話，把附著在機器容器內壁的混合蔬果糊刮下來。

廚師的秘訣

如果你從來無暇吃早餐，在傍晚準備好這種蔬果汁，放入冰箱冷藏，便可在隔日上班途中飲用。然後你整天會感覺到它對你身體的益處。

❸ 加入優格、亞麻籽和檸檬汁，攪打至均勻混合，假使成品太濃稠，用一點礦泉水沖淡。把飲品倒在冰塊上，並以豆瓣菜裝飾。

狂戀鐵質

這款活力飲包含菠菜、杏子、胡蘿蔔、南瓜子（以上四種皆富含鐵質），以及海帶（海藻的一種），能提升你的體力。鐵質是把氧氣帶入血液中的必要物質，缺乏鐵質會讓人快速疲倦與貧血。

材料（一小杯份）

可即食的杏子乾	50克
南瓜子	1湯匙
胡蘿蔔	250克
菠菜	50克
海帶粉	2茶匙
礦泉水	適量
菠菜葉以及南瓜子，用以裝飾	適量

海草類含有礦物質、蛋白質和其他有價值之營養素。

❶ 精細的切剁杏子，再倒入100ml滾開水蓋滿杏子，浸泡10分鐘。

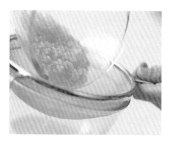

❷ 小心剁碎南瓜子（一開始要慢慢切，因為一顆顆的南瓜子很容易四散開來）。大略的把胡蘿蔔切塊。

❸ 再把濾乾杏子，把菠菜放入果菜機中打汁，然後再加入杏子及胡蘿蔔打汁，邊攪拌邊加入檸檬汁、南瓜子和海帶粉。

❹ 把蔬果汁倒入玻璃杯中，再加入礦泉水到滿杯，以菠菜葉和南瓜子做裝飾，然後立即飲用，以獲得最多養分。

身體建築師

小麥胚芽是小麥穀粒中最營養的部分，它含維生素B和E、蛋白質與礦物質。結合香蕉可製作出富含碳水化合物的飲品，最適合在運動前飲用。此外，柳橙汁與亞麻籽也能帶來豐富的營養。如同所有的種子，亞麻籽含有必需脂肪酸，對心臟極佳。

材料（一大杯份）

小麥胚芽	2湯匙
大香蕉，切塊	1條
黃豆製優格	130克
亞麻仁（亞麻籽）	1湯匙
萊姆的汁	1顆
大的柳橙	1顆
礦泉水	適量
亞麻籽和磨碎的萊姆皮（用以裝飾）	適量

啤酒酵母是另一種可添加到精力飲品中的營養補充物，它含有豐富的維生素B和礦物質，是提升活力的極佳食品。

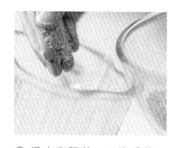

❶ 把小麥胚芽，⅔的香蕉，優格和亞麻籽放入果汁機或食物調理機中，攪打至滑順，必要的話，把這附著在機器容器內壁的混合果泥上刮下來。

❷ 加入萊姆和柳橙汁至優格混合果泥中，再次攪打直到均勻。把果汁倒入大玻璃杯中，加入礦泉水到滿杯，以亞麻籽、萊姆皮與剩下香蕉裝飾，然後立即飲用。

薑汁

新鮮的薑根是治療消化不良及紓解胃痛的最佳天然療材，無論這些症狀是因食物或身體運作上的毛病所引起。這種含有水果的獨特綜合飲品，是把薑根單純的與新鮮多汁的鳳梨和甜美的胡蘿蔔混合，創造出一種迅速而簡單的療材。只要幾分鐘，就可完成這杯蔬果汁，而且也很可口。

材料（一杯份）

鳳梨（小型）	半個
新鮮薑根	25克
胡蘿蔔	1條
冰塊	適量

廚師的秘訣

在處裡鳳梨前，把它上下顛倒放置半小時，這樣會使它較多汁。

❶ 以一把銳利刀子把鳳梨去皮，然後切半去心，大略的把鳳梨肉切塊，薑去皮。大略切塊，然後把胡蘿蔔切塊。

❷ 把胡蘿蔔、薑和鳳梨放入果菜機內打汁，把成品倒入杯內，加入冰塊，並立即飲用。

一杯好眠

有些香草是以助眠的功效而著稱，但是我們這杯調合飲品略具其他價值——你不會想餓著肚子上床睡覺，綜合飲品中的香蕉提供了緩慢釋出的碳水化合物，能作為支撐你整夜的能量；而萵苣則以助眠的特質而著稱。當你需要放鬆時，這正是你需要的。

❶ 以150ml滾開水沖泡淹蓋茶包，浸泡10分鐘；切萵苣，把茶包取出。

❷ 香蕉切塊，放入果汁機或食物調理機，加入萵苣，充分攪打至滑順，必要的話，把這附著在機器容器內壁的果泥刮下來；加入檸檬汁和甘菊茶，並大略攪打至滑順，立即飲用。

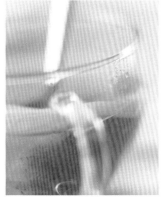

材料（一大杯份）

甘菊茶包	1包
捲心萵苣	90克
香蕉	1小條
檸檬汁	半顆

廚師的秘訣

如果你花園裡有甘菊，用3或4朵甘菊花代替茶包，讓它們在滾開水裡浸泡幾分鐘，但不要太久，否則會變苦。

活力蔬菜調飲

當你覺得精神不濟時，
這些飲品保證能讓你恢復精力！
以各類蔬菜作為材料，
無額外添加物。
它們有各種飲用目的，
從排毒與體內清掃，
到治療與心靈充電皆有。
這些綜合飲品幾分鐘內就可完成，
食材包括胡蘿蔔、茴香、蕃茄和菠菜，
是真正能夠喝出健康的綜合飲品！

明亮大眼睛

薄皮的柑橙類水果,如克萊門氏小柑橙,可不用剝皮就放入果菜機中,讓成品增添了刺激的橘皮風味,還可讓你節省製作時間。色澤鮮豔、口味強烈的胡蘿蔔與克萊門氏小柑橙飲品含有維生素A,是健康的視力所不可或缺的營養。此外,它也含有維生素C,能提供身體額外的滋養。

① 刷洗胡蘿蔔,以一把銳利的刀子把它們切成相似大小的塊狀,把克萊門氏小柑橙切成四等份,去籽。

② 把克萊門氏小柑橙的切塊放入果菜機中打汁,然後胡蘿蔔塊也同樣的放入打汁。

③ 把飲品倒入放著冰塊的長玻璃杯中,然後假使你喜歡的話,每個玻璃杯以一瓣或一片柑橘來裝飾。

廚師的秘訣

讓飲品來點活力吧。加一點辛辣以增添興致。新鮮薑根剝皮切片,與克拉門氏小柑橙和胡蘿蔔一起放入果菜機中打成汁。

這種飲品滑順又美觀,帶著金光閃閃的日出色澤,這種令人垂涎三尺的蔬菜果汁讓你值得為它而起床——縱使是在你最懶散的早晨。

材料(兩杯份)

胡蘿蔔	200克
克萊門氏小柑橙 (額外添加數瓣作為裝飾)	6個
冰塊	適量

蔬菜補湯

這是一種簡單卻很棒的活力蔬果汁。它有純粹而潔淨的風味，還有辣椒的刺激感，保證讓你不濟的精神重新振作。蕃茄和胡蘿蔔富含極有價值的抗氧化物β-胡蘿蔔素，被認為具有抗癌功效，它們還含有維生素A、C和E，是身體健康所不可或缺的。

材料（兩杯份）

材料	份量
蕃茄	3顆
新鮮的紅或綠辣椒	1個
胡蘿蔔	250克
柳橙汁	1顆
碎冰	適量

廚師的秘訣

非有機胡蘿蔔的外皮經常帶有很多化學物質，如果你採用非有機胡蘿蔔，使用前要刷洗乾淨，或先洗過再削皮。

❶ 把蕃茄切成4等份，辣椒大略切段，（如果你喜歡較溫和的蔬果汁，先除去辣椒子和內部白色軟組織，再切辣椒。）刷洗胡蘿蔔，大略切塊。

❷ 先把胡蘿蔔放入果菜機打汁，再放入蕃茄和辣椒打汁，然後加入柳橙汁，充分攪拌直至混合。把2個平底大玻璃杯裝滿碎冰，再倒入蔬果汁即可品嚐。

西班牙涼菜湯蔬果汁

這種絕妙的蔬菜汁是從古典的西班牙湯得到靈感，真是色香味俱全。做沙拉用的新鮮蔬菜可以被丟入果汁機或食物調理機中，輕鬆打出使人恢復精神與活力的飲品。假如你計畫邀請朋友來吃一餐放鬆心情的西班牙式新鮮午餐，不妨一同享用這款冰涼蔬菜汁作為開胃菜；它是炎熱夏日的絕佳飲品。

材料（四至五杯份）

新鮮紅辣椒	半顆
蕃茄（去皮）	800克
小黃瓜（大略切片）	半條
紅色甜椒（去籽，切成大塊）	1顆
芹菜莖（切段）	1根
青蔥（大略切段）	1根
新鮮胡荽（帶莖，另外再加一些作為裝飾用）	1小把
萊姆的汁	1個
鹽	適量
冰塊	適量

❶ 去除辣椒籽，與蕃茄、小黃瓜、紅色甜椒、芹菜、青蔥和胡荽一起放入果汁機或食物調理機中。

❷ 充分攪打直到滑順，必要的話，把附著在機器容器內壁上的混合蔬果泥刮下來。

廚師的秘訣

如果成品太濃稠，加入一點番茄汁或礦泉水攪拌，紅酒醋可加強風味。

以製作沙拉的新鮮蔬菜打成汁，充滿了珍貴的養分，是炎炎夏日最令人渴望的消暑珍品，絕妙的新鮮滋味，能立即活化你的味覺。

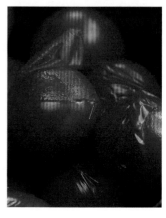

❸ 加入萊姆汁與一點鹽再次攪打，把成品倒入玻璃杯中，加入冰塊與一些胡荽葉即可。

紅寶石甜菜根

甜菜根是蔬菜中甜度最高的，用它做成蔬果汁可是使人驚嘆的可口。它帶著鮮豔的紅色，口感豐富，有助提神。雖然甜菜根質地硬實，但不必煮就可攪打成汁，甜菜根強烈的味道與柑橙類水果，以及新鮮薑根的氣味形成絕妙組合。這款蔬果汁可作為天然的體內清潔劑。

材料（一大杯份）

生甜菜根	200克
新鮮薑根（削皮）	1公分
柳橙	1大顆
冰塊	適量

廚師的秘訣

深紅色的甜菜根產生一種鮮明、震撼的、寶石色澤的汁液，並含有多種維生素與礦物質，這使它成為完美的精力飲品與基底。

❶ 把甜菜根修剪整齊，各切成四等份，先放入一半於果菜機中打汁，再放入薑和剩餘的一半攪打。

❷ 擠壓柳橙汁，與甜菜根汁混合。

❸ 把這蔬果汁倒入一般玻璃杯或透明有耳玻璃杯內的冰塊上，可立即飲用。

茴香綜合飲品

這種生蔬菜與蘋果的健身組合可做出令人讚嘆的可口果汁——新鮮茴香有股鮮明的香辛料味,與水果或蔬菜都搭配得宜。高麗菜具有自然的抗菌特性,蘋果和茴香都有助體內清潔。也可以用2、3支芹菜莖代替茴香,同樣有提神的效果。

材料(一杯份)

小紫色高麗菜	半顆
茴香球莖	半顆
蘋果	2顆
檸檬汁	15ml

廚師的秘訣

要購買真正硬實,且看來新鮮的茴香。若在超級市場的貨架上太久,很快就會變色變老。

❶ 大略把甘藍菜和茴香切片,蘋果各切成4等份,使用果菜榨汁機,榨出蔬菜和水果的汁液。

❷ 把檸檬汁加入混合蔬果汁中攪拌,倒入玻璃杯中,即可飲用。

蘋果與葉之舞

這種由蘋果、葡萄、新鮮葉子和萊姆汁調理成的綜合飲品是完美的返老還童劑,用來治療皮膚、肝臟和腎臟的不適也很好。蘋果在眾多美味健康的綜合飲品中,佔了重要的角色,所以值得你大量購買,它們可在冰箱中存放好幾天。大部分種類的蘋果都可以成功的用來打汁,所以只需要選擇你最喜歡的種類。

材料(一杯份)

蘋果	1顆
白葡萄	150克
胡荽,保留莖部	1小把
豆瓣菜或芝麻葉	25克
萊姆汁	15ml

❶ 以一把銳利刀子將蘋果切成4等份,如果你喜歡,把它去心。使用果菜榨汁機,把蘋果和白葡萄榨汁,然後是胡荽與豆瓣菜或芝麻葉。

❷ 把萊姆汁加到水果與香草的混合果汁中,充分攪拌。把這混合蔬果汁倒入長玻璃杯中。馬上飲用,可品嚐它最佳的風味。

綜合沙拉

萵苣和黃瓜除了多汁外，還含有重要的維生素，例如鈣和鋅，以及重要的養分，例如維生素K。菠菜含有很多β-胡蘿蔔素而且有抗癌的功效。這種飲品還加入成熟的梨子，以達最大的甜度，所以這種超級蔬果汁只會增進你的健康。

材料（兩至三杯份）

黃瓜	半個
捲心萵苣、長葉萵苣或是蘿蔓生菜	半顆
大而成熟的梨子	2顆
新鮮菠菜	75克
沙拉用紅皮蘿蔔	6~8個
碎冰	適量
紅皮白蘿蔔和黃瓜切片，用來裝飾	適量

廚師的秘訣

黃瓜在沙拉中吃起來雖然溫和，但是未削皮的黃瓜經打汁後，有驚人的強烈口味，如果你喜歡較淡的味道，再打汁前以銳利的刀子把黃瓜皮削掉。

❶ 將黃瓜切成大塊，萵苣大略撕片，梨子各切為4等份，去心。

❷ 把所有材料放入果菜機中攪打，再將蔬果汁倒入裝滿碎冰的長玻璃杯中，加入紅皮蘿蔔切片及切成長條的黃瓜攪拌棒即可飲用。

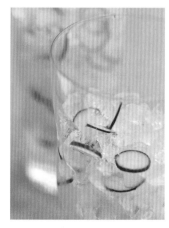

柳橙花盛開

酪梨特別有益於肌膚，主要是因為它們含有很多維生素E。這款蔬果汁結合巴西利、蘆筍和柳橙，是極佳的體內清掃物和皮膚活化物。如果你有特別的皮膚毛病，定時喝這種蔬果汁，應可確實改善情況有所不同——它非常有效，而且比市面上很多的護膚霜要便宜很多。

❶ 酪梨切半去籽，把果肉刮下來放到果汁機或食物調理機中，除去巴西利的硬莖，再放入機器中。

❷ 把蘆筍大略切段，加入酪梨混合果泥中，徹底攪打至滑順，必要的話，把附著在機器容器內壁上的混合果泥刮下來。

❸ 把柳橙打汁，與檸檬汁一起加到這蔬果泥中，略微攪拌直至混合物非常滑順。把這蔬果汁倒入2個玻璃杯中，約⅔滿，然後加冰塊與礦泉水，以大塊柳橙瓣裝飾。

材料（兩杯份）

材料	份量
酪梨	1小顆
巴西利	1小把
嫩蘆筍尖	75克
柳橙	2大顆
檸檬汁	少許
冰塊	適量
礦泉水	適量
扇形柳橙瓣，用以裝飾	適量

廚師的秘訣

加入柳橙汁和檸檬汁可以避免酪梨變色，所以你或許想冰一杯留著以後享用。如果飲品些微變濃稠，加入一點礦泉水攪拌。

脆甜四季豆

甜而多汁的四季豆是生吃最美味的蔬菜之一，當它們被打成汁時，嚐起來也一樣棒。當豆子和甜瓜被打成汁後甜味更強烈，並且，新鮮薑根為這種又甜又多汁的冰涼果汁增添風味（把甜瓜放在冰箱裡，如此，當你要攪打果汁時，它已經很冰涼——你就不須加冰塊了。）。

材料（一大杯份）

新鮮薑根（削皮）	1公分
蜜瓜	1/4顆
甜四季豆（含豆莢）	200克
大塊甜瓜與豆子，作為裝飾用	適量

廚師的秘訣

使用新鮮飽實的薑塊，如果太老，它會開始萎縮，而失去該有汁液與味道。

❶ 薑切塊。挖出甜瓜種子，切成楔型，去皮，然後把果肉切塊。

❷ 把甜四季豆放入果菜機中打汁，再放甜瓜塊以及生薑片攪打。冷藏之後，加入甜瓜塊與豆子，即可享用。

芹菜的心情

當帶有有鹹味的芹菜，和甜味的白葡萄一起被攪打成汁時，可營造出令人訝異且印象深刻的組合。一小把辛辣的豆瓣菜可增添額外的風味，但要小心，不要加太多，因為它的葉子一旦被打成汁，味道會變得相當強烈。芹菜是所有蔬菜中，卡路里最低的，所以這款對任何正在實行低卡路里飲食的人而言，是特別有用處的蔬果汁。

材料（一大杯份）

芹菜	2支
豆瓣菜	1把
白葡萄	200克
有葉子的芹菜莖（直接食用）	1支
碎冰	適量

❶ 把芹菜莖放入果菜機中打汁，然後是豆瓣菜和白葡萄。

❷ 把帶有葉子的芹菜放在大玻璃杯中，當作可食用的攪拌棒，在玻璃杯內裝入半滿之碎冰，再把蔬果汁倒在冰上。

綠花椰精力飲

綠花椰菜因是有如萬靈丹般的超級食物，而大受歡迎。它也是健康飲食中不可或缺的食材，然而，它被打成汁時，強烈的味道需要稍加稀釋。甜而芬芳的蘋果，以及檸檬汁，可讓綠花椰菜味道變得柔和，使得飲用這款飲品成為絕對的享受。

材料（一大杯份）

綠花椰菜朵	125克
食用蘋果	2顆
檸檬汁	1湯匙
冰塊	適合

❶ 把綠花椰菜朵切小，並把蘋果切成小塊。

❷ 把兩者放入果菜機中打汁，再把檸檬汁倒入攪拌。接著把成品倒入裝有很多冰塊的長玻璃杯中，即可飲用。

廚師的祕訣

不要使用綠花椰菜的莖，因為它們汁液太少，而且味道不適合。綠花椰菜有助對抗病毒與細菌，鈣質含量幾乎與牛奶一樣多，它也被認為有預防某些癌症的功效。因為它對健康有益處且風味絕佳，故這種蔬果汁絕對值得品嚐。

羞紅的羅勒

有些香草植物不適合打汁，打汁會失去它們的芳香，變得像泥濘般混濁晦暗。然而，羅勒很適宜打汁，打汁後還能保有它獨特的新鮮芳香，與溫和、提神的黃瓜，以及最成熟多汁的蕃茄，形成最佳拍檔。

材料（一至兩杯份）

黃瓜（削皮）	半條
新鮮羅勒（另備一些作為裝飾用）	1把
蕃茄	350克
冰塊	

廚師的秘訣

你無須把黃瓜削皮，但如果黃瓜去皮，蔬果汁會有較新鮮而淡的顏色。

❶ 把黃瓜縱向的切成四等份，不要去籽，把它與羅勒一起放入果菜機中打汁，然後以同樣方式處理蕃茄。

❷ 將混合蔬果汁倒入一或兩個裝有冰塊的玻璃杯內，加上一點新鮮的嫩羅勒裝飾，然後供應飲品。

新鮮果汁

只要是成熟多汁的水果，
無論是以什麼材料組合，
都可以作成絕妙的飲品。
但是，如果你需要有人指點，
本章節提供了各式絕佳的食譜，
保證讓你瘋狂愛上製作水果飲品！
無論是使用黑醋栗、香蕉或木瓜，
選用新鮮健康的食材，
就能享用果汁的高度營養及令人垂涎三尺的風味。

粉紅好精神

這款風味絕佳、提神,而且帶著淡玫瑰色澤的葡萄柚與梨子混合果汁,有助明目與毛髮生長。它適合作為早餐飲品,或是精力不濟時恢復元氣的補充飲料。如果葡萄柚特別酸,可加一小碗紅糖,或用紅糖攪拌棒來增加甜味。

材料（兩杯長玻璃杯份）

粉紅葡萄柚與白葡萄柚（切半）	各1個
成熟的梨子	2個
碎冰	適量

❶ 從切半的葡萄柚上切下一薄片,也從梨子上切下幾片薄片。剩下的梨子大略切塊,放入果菜機中打汁。

❷ 將其餘的葡萄柚擠出果汁,與梨子汁混合,倒在冰塊上供應飲品,並以葡萄柚和梨子切片作為裝飾。

酸甜迸出好滋味

充滿天然甜分的葡萄結合酸蘋果汁，創造出一款活力滿點的果汁。葡萄以能夠清掃體內著稱，讓這飲品增添理想的排毒食療功效。若要讓這種果汁可保存較久且較提神，可試著加入氣泡礦泉水。

❶ 把一些葡萄切片，也在蘋果上切下1~2小片作為裝飾用。剩餘蘋果大略切塊，與葡萄一起放入果菜機中打汁。

❷ 把成品倒在碎冰上，以切片水果做裝飾。

材料（一大杯份）

紅葡萄	150克
紅色的食用蘋果（去皮）	1顆
烹調用蘋果	1小顆
碎冰	適量

廚師的秘訣

這種口味最簡單的組合，往往是最美味的，充滿甜分的葡萄與會讓人皺起嘴巴的酸蘋果，是無可匹敵的完美拍檔。

活躍好體力

這款熱帶飲品由百分之百的水果製成，是體內掃除好幫手！它能幫忙增強消化系統與腎臟，讓你雙目明亮，秀髮閃耀，皮膚紅潤。若要達到最佳效果，需使用完全成熟的水果，否則果汁會酸而無味。假使水果在你購買時還未熟透，在打汁前把它們放在室溫下1~2天。，如果你喜歡飲用非常清涼的果汁，可加入很多碎冰一起飲用。

材料（一杯份）

鳳梨（削皮）	半顆
小芒果（削皮去核）	1顆
小木瓜（削皮去籽）	半顆

廚師的秘訣

鳳梨和芒果經攪打後，可做出非常濃稠的果汁，所以如果用此方法打汁，飲用前可以加入一點礦泉水稀釋。

❶ 挖掉鳳梨上的眼狀物，然後把所有水果切成大塊。使用榨汁機，榨出所有水果的汁。

❷ 你也可以不用榨汁機，改用食物調理機或果汁機，把水果一起攪打2~3分鐘，直到非常滑順。把成品倒入玻璃杯中，即可飲用。

活力柑橙大集合

這種色澤鮮艷的果汁充滿天然柑橙類水果的養分。這些有強烈香味的水果富含可提升免疫力的維生素C，有助抵抗冬季的感冒，讓你的步伐充滿活力。此外，它還含有重要的葉酸，清掃消化系統的作用顯著。假如你覺得這種綜合飲品有點太酸，試著添加一些可口的甜味劑，例如蜂蜜，然後與果汁充份拌勻後飲用。

材料（一杯份）

粉紅葡萄柚	1顆
柳橙	1顆
檸檬汁	30ml

❶ 把葡萄柚和柳橙切半，並以柳丁機把這些水果擠汁。

❷ 把果汁倒入長玻璃杯中，再把檸檬汁倒入攪拌，即可飲用。

紅色守衛

這款以紅色水果調合出的美味飲品可提升你的抵抗力。西瓜和草莓是豐富維生素C的來源,黑色的西瓜籽就像其他種子一樣,富含不可或缺的營養。假使你不喜歡把籽混入攪打,也可先去籽。

❶ 草莓除蒂,如果太大顆,則切半。把葡萄從柄上摘下,並切除西瓜皮。

❷ 把西瓜放入果汁機或食物調理機,攪打至籽破。加入草莓和葡萄,攪打至完全滑順,必要的話,把附著在機器容器內壁的果泥刮下來,然後倒在長玻璃杯內,即可飲用。

材料(兩杯份)

草莓	200克
葡萄	約90克
西瓜	1小片

廚師的秘訣

以大塊西瓜或切半草莓來裝飾這種果汁。

杏子果汁

新鮮杏子的產季很不規則，所以當你看到它們的時候，不妨多買一些，用來製作以杏子為基底的果汁，例如本飲品。選擇甜而多汁，又成熟的杏子，因為在這種提神的飲品中，杏子是味道強烈的萊姆很好的襯托物。

材料（兩杯份）

材料	數量
萊姆	2顆
柳橙	3顆
成熟的杏子	4顆
香蜂草嫩枝（另備幾枝作為裝飾）	數枝

廚師的秘訣

這種味道強烈，帶給人活力的綜合飲品，能喚醒你的感官。如果你覺得它有點酸，就加入一點蜂蜜。

❶ 把萊姆和柳橙汁擠出。可用手擠或用柳丁機，把杏子切半去籽。

❷ 把杏子與一點萊姆汁、柳橙汁以及香蜂草放入果汁機或食物調理機中，攪打至滑順。必要的話，把附著在機器容器內壁的果泥刮下來，加入剩餘果汁加入，攪打至完全滑順。

❸ 把成品倒入中等大小的玻璃杯，以香蜂草枝裝飾。

蘋果巨星

具體內清掃作用的蘋果、蜜瓜、紅葡萄柚和檸檬的組合，可使你享的皮膚發亮，立刻提升元氣。
這是很適合春天製作的飲品，因為春天是這些水果的產季。然而，在做這種果汁時，如果你買不
到蜜瓜，可用其他種類的甜瓜來代替，只要成熟即可。

材料（一杯份）

蜜瓜	半顆
蘋果	1顆
紅葡萄	90克
檸檬汁	15ml

廚師的秘訣

這款飲品嚐起來有提振精神的
刺激口感及強烈味道，但如果
你用的是很甜的蘋果與甜瓜，
或許可加多一點檸檬汁。在飲
用前先試喝，並視情況酌量添
加。

❶ 使用一把銳利的刀子，把
甜瓜切成4等份，以湯匙挖出
籽，把果肉從皮上切下來。把
蘋果切成四等份，假使你喜歡
的話，可去心。

❷ 使用果菜機把這些水果打
汁，或是你也可以使用食物
調理機或果汁機，攪打2~3分
鐘，直到滑順。把果汁倒入玻
璃杯中，加入檸檬汁攪拌。

甜瓜提神飲

這款內含的甜瓜、梨子和新鮮薑根的辣味飲品，能振奮你的身體，刺激你的循環系統，點燃你行
動的能量。它是適合於一天之中任何時間飲用的絕佳飲品，無論是在你放鬆心情吃一頓早餐時，
或是在一天的工作之後，用來恢復你降低的能量。如果你喜歡的話，可加入一些碎冰或冰塊，冰
冰涼涼的飲用。

材料（一杯份）

梨子	2顆
羅馬甜瓜	半顆
新鮮薑根	2.5公分

❶ 把梨子切成4等份。把甜瓜
切半，以湯匙挖出籽，去皮，
然後把果肉切成4等份。

❷ 以果菜機把所有材料打
汁，倒入長玻璃杯中，立即供
應飲品。

紫色潟湖

藍莓不只是 β-胡蘿蔔素和維生素C的絕佳來源，而且富含類黃酮素，是幫助我們清掃體內的物質。與其他暗紅色水果混合，例如黑莓與葡萄，可做成有高度營養且風味絕佳的綜合飲品，可存放於冰箱中，留待你隨時享用。

❶ 如果你使用的是黑醋栗，把它們從柄上拔下來，葡萄也是。

❷ 把你這些水果放入果菜機中打汁，留一些做裝飾用。把冰塊放入中等大小的玻璃杯中，再把果汁倒入，以剩餘的水果做裝飾。

材料（一杯份）

黑醋栗或黑莓	90克
紅葡萄	150克
藍莓	130克
冰塊	適量

廚師的秘訣

這是一種具有強烈味道，提振精神的飲品，你或許會覺得它很刺激。如果你喜歡，可以加一點糖或蜂蜜，或以礦泉水稍作稀釋。

健康加分石榴飲

石榴有時很難買得到,所以當你看到它們時就很值得購買,畢竟它們是進口水果,而且鮮明的風味也相當可口。當它的外皮呈紅色時,通常意味著它內部的籽已成熟甜美了。這款果汁有可口的石榴果汁作為基底,還有新鮮薑的辣味。

材料(兩杯份)

石榴	2顆
新鮮無花果	4顆
新鮮薑根(削皮)	15克
萊姆汁	10ml
冰塊以及扇形萊姆瓣(直接使用)	適用

廚師的秘訣

石榴在炎熱天氣很提神,尤其是與無花果、薑和萊姆一起做成果汁,冰涼的喝,以解夏日之渴。

❶ 石榴切半,在碗上方處理石榴以便盛取它的果汁,把外皮剝掉,以取出它寶石般的種子。

❷ 無花果各切成四等份,薑大略切塊,把無花果和薑放入果菜機中打汁,再把石榴籽放入,留一些籽作為裝飾。把萊姆汁倒入攪拌,再把成品倒在冰塊與萊姆瓣上。

熱帶的沉靜

這款可口且香氣十足的果汁富含抗癌的抗氧化物 β-胡蘿蔔素，並且可幫助肝臟與腎臟運作，以清掃淨化身體系統。這是一款簡單的飲品，一天當中任何時間都可快速製作，無論是早晨趕著出門，或是稍晚放鬆心情時。假使你真的很渴，就在飲品中加入大量的冰涼蘇打水。

材料（一杯份）

木瓜	1顆
羅馬甜瓜	半顆
白葡萄	90克

廚師的秘訣

有些品種的木瓜成熟後還是綠色的，但是大部分都會變為黃橙色，而且略軟。它們很容易碰傷，所以不要買被碰撞到的。種子雖然可以食用，但並不好吃，所以通常會被丟棄。

❶ 以一把銳利刀子，將木瓜切半去皮，去掉籽，然後把果肉大略切片。甜瓜切半，挖掉籽，再切成四等份，把果肉從果皮上切下，切成大塊。

❷ 以果菜機把這些水果打汁，或者可也使用果汁機或食物調理機，這樣打出來的果汁會較濃稠。

草莓的撫慰

這款使人心情愉悅的綜合飲品以新鮮成熟的草莓、桃子或油桃（依你個人喜好）製作，不再添加其他東西。草莓富含維生素C、鈣質和具療效的植物性化學物質，是所有排毒餐的絕佳添加物，桃子和油桃則對皮膚的健康很有幫助。

材料（一杯份）

桃子或油桃	1顆
草莓	225克

❶ 以一把銳利的刀子，把桃子或油桃切成四等份，去除籽，把果肉大略切片或切塊；去除草莓蒂。

❷ 以果菜機把這些水果打汁，或也可使用食物調理機或果汁機，打出來的果汁會較濃稠。

薄荷味甜瓜冷飲

多汁的成熟甜瓜打成汁後，似乎更為香甜。萊姆切片完美提升風味，而提神又帶有辣味的薄荷，是上述兩者長期以來的清涼伙伴。這款甜而多汁的撫慰飲品，既能鎮定又能刺激——真是絕配。

材料（三至四杯份）

哈密瓜或羅馬甜瓜	1個
薄荷嫩枝	數枝
萊姆的汁	2大顆
冰塊	適量
額外的薄荷嫩枝和萊姆片作為裝飾	適量

❶ 甜瓜切半去籽，切成扇形，其中一塊切成長而薄的片狀，留著做裝飾。

❷ 把剩餘的甜瓜塊去皮，其中一半放入果菜機中打汁。把薄荷葉從枝上摘下，與剩餘的甜瓜一同放入打汁。

❸ 把萊姆汁倒入攪拌，再將果汁倒入裝滿冰塊的玻璃杯中，以薄荷嫩枝及萊姆片作為裝飾，每杯中再加入一片甜瓜。

櫻桃莓果三重奏

草莓和葡萄長期以能清掃與淨化體內系統而著稱，而櫻桃和草莓富含維生素C。這些飽滿而成熟的水果含有天然果糖，絕對無需再加糖。但如果你真的想放縱一番（不要理會清掃體內的功效），可以試著加入一點你喜愛的柳橙利口酒。

材料（兩大杯份）

草莓	200克
紅葡萄	250克
紅櫻桃（去籽）	150克
冰塊	適量

廚師的秘訣

每年櫻桃的季節都瞬間就結束，所以趁它們長得正旺盛時，好好享用這種既甜又多汁的芬芳提神紅色果汁吧。

❶ 把2個草莓及葡萄切半，病預備作一些外觀完美的櫻桃裝飾。把大顆草莓切塊，然後與剩餘葡萄和櫻桃一起放入果菜機中打汁。

❷ 把成品倒入玻璃杯中，上面放置切半的水果、櫻桃和冰塊。以雞尾酒棒（或牙籤）串起切半草莓或葡萄，並以櫻桃柄吊掛一顆草莓，作為裝飾。

黑醋栗聰明飲

本飲品結合酸而氣味強烈的水果，例如醋栗、蘋果、青梅和奇異果的甜味，成為完美的混合風味——不太甜，不太酸，完美的平衡。更棒的是，這種飲品百分之百天然，並含有重要維生素與礦物質。你在任何時刻都可以享受這種美味健康的活力飲品，而不用覺得有罪惡感。

❶ 奇異果去皮，青梅切半去籽，蘋果去心，大略切塊。

❷ 把奇異果、青梅、蘋果和醋栗放入果菜機中打汁，然後倒在裝滿冰塊的玻璃杯中，添加一、兩顆醋栗作為裝飾。

材料（一大杯份）

奇異果	1顆
青梅	2顆
食用蘋果	1顆
醋栗（另備幾顆作為裝飾）	90克
冰塊	適量

廚師的秘訣

淺粉紅的點心用醋栗比綠色的甜，但兩者在這種提神的飲品中，嚐起來一樣棒。冷凍一小籃醋栗，以便你隨時取用。

金色驚奇

成熟的李子可做出美味的果汁，而且這款非傳統的綜合飲品，與香蕉和百香果都非常搭配。如果你買得到黃色的李子，就選用它們，因為它們的香甜多汁相當難以抗拒，但也可使用紅李子作為代替，只要它們夠軟而成熟。這款飲品富含維生素，可增添元氣，讓你恢復精神，接受一天的挑戰。

材料（一大杯份）

百香果	2個
黃李子	2顆
香蕉	1小條
檸檬汁	約15ml

廚師的秘訣

百香果籽在果汁當中看來可能很漂亮，但並不是每個人都喜歡這種口感。如果你喜歡無籽的果汁，在把百香果打汁前，先把果肉過篩去籽。

❶ 百香果切半，以湯匙把果肉挖至果汁機或食物調理機中。李子切半去核，加到果汁機或食物調理機中。

❷ 加入香蕉和檸檬汁，攪打直到滑順，必要的話，把這附著在機器容器內壁的混合果泥刮下來。倒入大杯玻璃杯中，試試甜味。如果你喜歡的話，也可加入一點檸檬汁。

超異國情調冷飲

這些誘人、大膽且無可抗拒的傑作，
將蔬果汁與調製綜合飲品提升到另一個層次中。
試試可口的曬乾蕃茄配上柳橙和龍蒿，
或以滋味絕妙的成熟石榴混搭亞洲梨。
大膽揮灑創意，
你很快就會發現，
可能性永無極限。

蘋果大熔爐

新鮮蘋果和馥郁香辛料的絕妙結合，是東方遇上西方的完美之作。以薑、蘋果汁和芬芳香蜂草，製成可口提神的冷飲，就如同這本書中許多的果汁一樣，這款果汁值得你製作雙倍份量，留一些在冰箱裡，因為你會越喝越順口。

❷ 薑根大略切塊，蘋果切大塊。先把薑放到果菜機裡打汁，再放蘋果。

❸ 把果汁倒入壺中，冷藏至少1小時，以讓它入味。

❹ 在2~3個長玻璃杯內，倒入半滿冰塊以及蘋果片，（假使你喜歡的話），然後倒入果汁，直到剛好蓋滿冰塊，可再倒入蘇打水或檸檬水。

材料（兩至三杯份）

檸檬香茅	1支
新鮮薑根（削皮）	15克
紅皮食用蘋果	4個
冰塊	適量
蘇打水或檸檬水	適量
紅蘋果片，作為裝飾用	適量

廚師的秘訣

搗爛的檸檬香茅會釋放出微妙的味道，散發美好的東方香氣，並融入整杯飲品中。

❶ 用桿麵棍的一端擊打檸檬香茅莖，把它搗爛，再於莖上直直的劃幾刀，把它的皮割開，但較粗那端保持完整，把這搗爛的莖放入小玻璃壺。

薰衣草柳橙樂事

這款帶有薰衣草香味的果汁，保證能馬上振奮你的味覺，絕妙芳香與獨特口感，真是太棒了。假使你喜歡，可加一點額外的薰衣草嫩枝，以增添味道，如果是在宴會上飲用，另外可再以薰衣草嫩枝做成有趣的攪拌棒或漂亮的裝飾。

材料（四至六杯份）

薰衣草花	
（另備幾枝作為裝飾）	10~12朵
精白砂糖	3湯匙
柳橙	8大顆
冰塊	適量

❶ 把薰衣草花從莖上摘下，把它們與糖以及120ml開水放入碗裡，攪拌至糖融化，然後浸泡10分鐘。

❷ 以柳丁機擠出柳橙汁，倒入壺中，把薰衣草糖漿倒入，放涼。

❸ 放一點冰塊與一些薰衣草攪拌棒在幾個玻璃杯中，倒入果汁。

果香四溢

這款多種水果製成的甜蜜綜合飲品，充滿了令人驚奇的潘趣飲品（punch）風味。加入一點檸檬及新鮮薑根，以增添風味、刺激味蕾，卻不壓過荔枝、羅馬甜瓜和梨子芳香的味道。你也可以使用其他品種的甜瓜以取代羅馬甜瓜，但這將會失去漂亮的色澤——這也是本飲品的特色之一。

材料（兩長玻璃杯份）

材料	份量
荔枝	10個
梨子	1大顆
羅馬甜瓜（去皮）	300克
新鮮薑根塊	2公分
檸檬汁	少許
碎冰	適量
薄荷嫩枝，用以裝飾	數枝

❶ 荔枝剝皮去核，並且以一把銳利刀子把梨子和甜瓜切成大塊。

❷ 把薑放入果菜機中打汁，然後是荔枝、梨子和甜瓜，加一點檸檬汁以增加酸味。

❸ 把碎冰和1~2支薄荷嫩枝放在長玻璃杯中，倒入果汁，放薄荷嫩枝在上面作為裝飾，在碎冰融化前飲用。

廚師的秘訣

在這款非常芬芳、色澤鮮美的新鮮水果綜合飲品中，香甜的荔枝和正熟的羅馬甜瓜閃閃發亮。若只說這款飲品很美味，實在是太低估它的品質了——它不僅風味巧妙新鮮，也對你的健康極佳。如果你想稍微有點不同，可加入一點伏特加酒——那會添加一些特別的勁道。

粉紅琴人

杜松子是製造琴酒的重要原料，所以這款絕妙的飲品中，自然也散發琴酒的芳香。為了要有漂亮的色澤，本飲品使用早期、被催熟的大黃最佳，那會讓本飲品呈現美麗的粉紅色澤。把冰涼蘇打水加入這款有如像琴酒般的飲品中，氣味芬芳、口感強烈。

材料（四杯份）

大黃	600克
萊姆的皮和汁（皮要精細磨碎，萊姆片各再切成4等分）	2顆
白砂糖	75克
杜松子（略為壓碎）	1湯匙
冰塊	適量
氣泡礦泉水、蘇打水或檸檬水	適量

❶ 把大黃切成2公分長，與萊姆的皮和汁一起放入平底鍋中。

❷ 加入糖、壓碎的杜松子，和90ml水，以一個緊密的鍋蓋蓋住，煮6至8分鐘，直至大黃剛好變軟（用刀尖戳大黃以測試軟硬度）。

❸ 把大黃放入食物調理機或果汁機中攪打，以形成滑順的糊狀物，把混合糊倒在一個放在碗上的粗孔篩子，然後把這經過濾的蔬果汁放一旁，直至完全冷卻。

❹ 在中型玻璃杯內裝入半滿果汁，加入冰塊與萊姆片，以氣泡礦泉水、蘇打水或檸檬水加滿杯子。

廚師的秘訣

如果大黃糖漿在經過濾後存放於冰箱好幾天，杜松味會變得更明顯，假使飲品只以大黃製作，整體強度較佳。但若你喜歡，也可用蘋果和大黃混合。

迷戀百香果柳橙

香甜又風味十足的柳橙汁和芳香的小荳蔻，和有強烈香味的百香果和諧搭配，製作出這種你想像不到這款香氣與口感完美平衡的最佳果汁。另外，除了絕妙口味與閃耀的色澤外，你可以攝取到大量珍貴的維生素C。

材料（兩杯份）

小荳蔻莢	1湯匙
白砂糖	1湯匙
百香果	2個
柳橙 （柳橙片切半，作為裝飾用）	4大顆
冰塊	適量

❶ 把小荳蔻莢放在研缽中，以杵壓碎，或把它們放在金屬碗，以桿麵棍的一端打碎，直到種子露出來。

❷ 把小荳蔻莢以及任何四散出來的種子，一起倒到一個小平底鍋中，加糖並倒入90ml水攪拌，蓋上鍋蓋，以文火慢煮5分鐘。

廚師的秘訣

深色的百香果籽懸浮在果汁中，看起來很漂亮，而且絕對可食用，雖然它們沒有任何營養，而且可能塞在牙縫中。如果你不喜歡飲品中有籽，以木湯匙背把百香果肉壓過一個小篩子，只取它的汁液。甜中帶酸，精細卻又有活力，令人皺眉但又提神——這種令人難以置信的美味綜合飲品，每一小口，都讓你回味無窮。

❸ 百香果切半，挖出果肉放到小水壺中。以柳丁機或用手擠出柳橙汁，然後把果汁倒入小水壺內，把小荳蔻糖漿過濾後，倒入這果汁中，攪拌這個混合物讓百香果散佈開，並製造些微泡沫。

❹ 在長玻璃杯中裝入半滿的冰塊，並倒入果汁。最後，把柳橙片放入杯中，作為可食用的裝飾。

蜂蜜西瓜精力飲

這種提神的果汁能幫助身體降溫、使消化系統順暢,並清掃體內,甚至可能有促進性慾的作用。但它真正神奇的地方在於味道,這種清淡的西瓜味道,讓味覺很清新,而黏膩溫軟的蜂蜜,暖和了喉嚨——不過,這是因為酸味萊姆的襯托,才顯現了蜂蜜的優勢。

材料(四杯份)

西瓜	1個
冰水	1公升
萊姆的果汁	2顆
純蜂蜜	適量
冰塊	適量

❶ 以一把銳利的刀子把西瓜切成大塊,把皮切掉,並丟棄黑色西瓜籽。

❷ 把大西瓜塊放在大碗中,倒入冰水,放置10分鐘。

❸ 把水倒乾,再把西瓜塊放入果菜機中打汁。

❹ 把萊姆汁倒入攪拌,以廣口玻璃杯飲用。

廚師的秘訣

如果天氣真的很熱,也可做成冰沙飲用。放入冷凍庫並不時攪拌,當結晶開始形成時就可立即飲用。

西瓜八角泡泡飲

西瓜被打成汁後，它精美的味道變得驚人的強烈，為了取得平衡，需使用其他氣味同樣強烈的材料。注入八角的清淡糖漿，就是一個完美的選擇。為了讓八角發揮最大的影響力，要確定它足夠新鮮，因為它甘草般的味道與香氣會隨著存放的時日而變淡。

材料（兩個長玻璃杯份）

八角	15克
白砂糖	1湯匙
西瓜切片	500克
氣泡礦泉水	適量

廚師的秘訣

這種絕妙果汁香甜又帶有粉紅泡沫，最適合在宴會中當成無酒精的雞尾酒來飲用。也可在漫長炎熱的夏日午後，把它當成解渴涼飲。

❶ 把八角放在研缽中，以杵大略壓碎，或把它放在小金屬碗中，以桿麵棍一端搗碎。

❷ 把這些壓碎的香辛料放到一個小平底鍋中，加糖和90ml的水，讓它煮滾，並加以攪動，然後讓它冒泡泡約兩分鐘，再把鍋子從爐火上拿開，浸泡10分鐘。

❸ 把西瓜皮切除丟棄，然後把西瓜果肉切成約略大小的大塊，剔除所有西瓜籽。

❹ 把大西瓜塊放入果菜機中打汁，把八角糖漿用一個細孔篩子過濾，然後再倒入西瓜汁中，充分攪拌讓這兩種味道完全混合。

❺ 在2個玻璃杯中倒入2/3滿的果汁，然後以蘇打水加滿。

奇異果蘇打水

奇異果細緻提神的強烈香氣，打成汁後散發濃郁的味道。請選用表面無皺紋果實，輕壓只會略微凹陷；若不夠熟則會有輕微的苦味。一顆奇異果含有比一天需求量還多的維生素C，所以這種果汁確實可促進身體各系統的功能。

材料（一杯份）

奇異果	2顆
醃漬薑莖以及醃漬汁	1塊
氣泡礦泉水	適量

❷ 把薑和奇異果放入果菜機內打汁，然後把果汁倒入水瓶內，把醃薑的汁液倒入攪拌。

❶ 大略切一下奇異果和薑（如果希望果汁顏色漂亮點，奇異果可先去皮，但並非必要）。

❸ 把果汁倒在長玻璃杯內，再倒入氣泡礦泉水至滿杯。

廚師的秘訣

奇異果是副熱帶水果，而非熱帶水果，所以在使用前最好存放於冰箱。如果希望它們快點成熟，可以把它們和一顆蘋果或梨子或香蕉，一起存放在密閉的塑膠袋中。

石榴與亞洲梨泡泡飲

亞洲梨比傳統梨子甜但味道較淡，是清新而味道強烈的石榴好搭檔。如果你有時間，可事先把水果打汁，如此香料才能滲入水果中。準備妥當，就可在果汁上加入碳酸水了。

材料（兩杯份）

亞洲梨	2顆
磨碎的甜胡椒	¼茶匙
石榴	1顆
蜂蜜	1~2茶匙
冰塊	適量
碳酸水	適量
切成扇形的梨子片與石榴籽，作為裝飾用	

廚師的秘訣

梨子很適合想擁有身材苗條的人，無脂肪、無膽固醇與鈉，並含有很多維生素C和鉀。

❶ 以一把銳利的小刀把梨子切成大塊，在水瓶內以15ml開水攪拌甜胡椒。

❷ 石榴切半，去皮以及皮內層的柔軟組織，留下石榴子。

❸ 把梨子和石榴子放入果菜機中攪打，並加入水瓶中與甜胡椒混合倒入點蜂蜜攪拌，然後放冰箱冰涼。

❹ 把果汁倒入玻璃杯⅔滿，以冰塊、梨子片、石榴子來裝飾，再倒入碳酸水加滿杯。

接骨木花、李子和薑果汁

把接骨木花做成甘露酒和果汁，整年都可享受芳香的味道。在本飲品中，它與新鮮薑根的結合，為甜而多汁的李子增添異國風味。如果你喜歡較稀的飲品，可以加入大量碎冰，或蘇打水。本飲品絕對是可提升健康的美味綜合飲品。

材料（兩至三杯份）

薑根	15克
成熟李子	500克
接骨木花甘露酒	125ml
冰塊	適量
蘇打水或碳酸水	適量
薄荷嫩枝和李子片，作裝飾用	適量

廚師的秘訣

接骨木為喬木或灌木，黃白色的花散發著香氣，有藍紫色的小果實，花與果實都被認為可入藥。

❶ 薑大略切塊，不用去皮，李子切半去核。

❷ 把一半的李子放入果菜機中打汁。然後放薑，再放入剩餘李子攪打，再與接骨木花甘露酒一起放在水瓶中混合。

❸ 把冰塊放入兩個或三個中等玻璃杯中，倒入果汁直至⅔滿。把薄荷嫩枝和李子片放在上面裝飾，然後再加入氣泡礦泉水或碳酸水到滿杯。

百里香李子汁

早秋的李子最甜，也最好，製作這款美味飲品的絕佳時機，它們如絲綢般滑順的果肉，與香味精緻的檸檬百里香和蜂蜜搭配得完美無缺。這款豪華的果汁易做且有著令人難以抗拒的芳香，能立即讓你覺得溫暖且提神。

材料（兩至三杯份）

紅李子	400克
純蜂蜜	2~3湯匙
新鮮檸檬百里香（另備數枝百里香嫩枝裝飾用）	1湯匙
碎冰	100克

廚師的秘訣

暗紫色的李子，與他們幾乎呈藍紫色的花和甜而強烈的氣味，很適合打汁，做出非常誘人且充滿活力的果汁飲品。

❶ 把李子切半去核，放入果汁機或食物調理機中，加入2湯匙蜂蜜與檸檬百里香，攪打至滑順。必要的話，把附著在機器容器內壁上的混合果泥刮下來。

❷ 加入冰塊，攪打成冰沙，試試甜味，有需要的話，就再加入些蜂蜜，把飲品倒入玻璃中，立即供應飲品，並以百里香嫩枝作為裝飾。

洋茴香梨子凍飲

洋茴香是廣泛用於烹調的香辣調味料，不僅甜鹹菜色均適用，也是很多酒精飲品的主要口味，例如法國佩斯提斯茴香烈酒，希臘烏若茴香烈酒和土耳其拉基茴香烈酒。如果你喜歡這些酒的口味，你也會喜歡這款以梨子為基底的果汁，帶有香料味的可口飲品——雖然它不含酒精。把果汁倒在小玻璃杯內，加大量碎冰一起飲用，假使你喜歡，可添加一、兩片新鮮的梨子。

材料（兩至三杯份）

洋茴香	2湯匙
白砂糖	2湯匙
軟而成熟的梨子	3顆
檸檬汁	10ml
碎冰	適量

❶ 以研缽和杵，輕輕的輾碎洋茴香（你也可以使用小碗和桿麵棍的一端來碾碎洋茴香子）。把它與糖和100ml的水，一起放入小平底鍋內，以小火加熱，並攪拌直至糖融化。再煮滾一分鐘，把糖漿倒入一個小水瓶中，讓它完全冷卻。

❷ 把每個梨子切成四等份，去心，放入果菜機內打汁，加入檸檬汁。把糖漿倒入梨子汁內，冷藏直到冰涼，再把果汁倒入小玻璃杯內。

廚師的秘訣

若你希望獲得一杯風味絕佳、能真正補充活力的果汁，要確定你選用的是新鮮而甜的梨子，因為未熟的梨子會導致令人失望的結果——淡而無味的果汁。另外，要選用新鮮芳香的洋茴香。就如同很多香料植物與香辛料一樣，洋茴香很快就會失去味道，當它變得不新鮮時，會缺乏香氣而且有輕微霉味，並破壞你的飲品。

嗆辣紅番椒蔬果汁

紅色甜椒可做出彩色的清淡果汁，它最好與其他材料混合，以達到完整的口味，櫛瓜會給飲品增添一種精巧而幾乎不被注意到的質感；紅番椒和紅皮蘿蔔會增添一種很棒的辣椒灼熱刺激；現榨柳橙汁則為這款飲品添加了可口的風味。

❶ 紅色甜椒切半，去心和籽，然後再各切成4等份，與紅番椒放入果菜機打汁。櫛瓜切大塊，紅皮蘿蔔切半，都放入果菜機內打汁。

❷ 柳橙榨汁，倒入蔬菜汁內攪拌。把2~3個玻璃杯裝滿冰塊，再倒入果菜汁。

材料（兩至三杯份）

材料	份量
紅色甜椒	2個
新鮮紅番椒（去籽）	1個
櫛瓜	150克
紅皮白蘿蔔	75克
柳橙	1顆
碎冰	適量

廚師的秘訣

切過紅番椒後，務必徹底洗過手，避免碰觸眼睛或其他敏感部位，因為它們會讓你覺得刺痛。

龍蒿、柳橙和蕃茄乾綜合飲品

愛好蕃茄汁的人，必定會迷上這種頗有風味、可補充元氣的綜合飲品。新鮮柳橙提供了無可抗拒的風味，也增加了維生素C，而龍蒿加入了可口的芳香。如果你無法抗拒傳統紅番椒與蕃茄的組合，加一點墨西哥塔巴斯哥辣醬或紅番椒以取代黑胡椒粉。

材料（兩杯份）

龍蒿嫩枝（再加一些作為裝飾用）	4 大枝
蕃茄	500克
柳橙	2大顆
曬乾蕃茄糊	15ml
冰塊	適量
黑胡椒粉	適量

❶ 把龍蒿葉子從莖上摘下，蕃茄大略切塊。蕃茄與龍蒿葉輪流放入果菜機內打汁。

❷ 以手或柳丁機擠出柳橙汁，倒入蕃茄與龍蒿汁中一起攪拌，加入蕃茄糊，並充分攪拌，以充份混合所有材料。

❸ 把冰塊放入2個玻璃杯內，再倒入果汁，放上漂亮的攪拌棒（如果你有的話），並以一點黑胡椒粉調味，以龍蒿嫩枝作為裝飾。

簡易早餐調飲

早餐是一天中最重要的一餐，但卻往往為人所忽視。
就讓這些能鼓舞身心的創意飲品，
帶給自己一個振奮的早晨吧。
你可在短短幾分鐘內就完成一杯調飲，
比一碗穀物麥片更容易消化。
無論是健康滿點的新鮮果汁，
或是帶些頹廢氣息的摩卡奶昔，
都能讓你一早就充滿元氣。

柑橙挺你

因為柳橙一年四季都有穩定而充分的產量，所以我們容易忽略一些較不常見的柑橙類水果。這款飲品包含了同時具備酸味及葡萄柚般芳香的柚子、微甜的橘柚，以及色澤鮮艷而有風味的橘子。

❶ 把這些水果切片，以柳丁機擠出果汁，如果你喜歡，可擠壓一點檸檬或萊姆汁加入，以營造出較酸的風味。

❷ 把果汁倒入玻璃杯內，加入冰塊與一些柑橙類水果切片作為裝飾。

材料（一杯份）

柚子	1個
橘柚	1個
橘子	1個
檸檬汁或萊姆汁（隨意）	少許
冰塊	適量
柑橙類水果切片，作為裝飾用	適量

廚師的秘訣

如果你需要為伴侶或家人準備早餐，食材的分量只需依人數來加乘即可——更好的方法是，讓他們自己做。

追隨早晨

血腥瑪麗是傳統用來治療宿醉的飲品，而且效果顯著。以下的飲品帶有香辛味、提神，如果你能接受——添加了些微酒精。以大量的維生素C可提升你渙散的精力，並以抗氧化物來清掃你的體內廢物。

材料（一杯份）

成熟蕃茄	300克
墨西哥塔巴斯哥辣醬或黑醋	1茶匙
檸檬汁	1茶匙
伏特加酒（隨意）	15~30ml
冰塊	適量
芹菜葉，作為裝飾用	適量

廚師的秘訣

你不需要宿醉才能享用這種豐盛提神的飲品，但你如果要經常以它來當早餐，最好不要添加伏特加酒。

❶ 蕃茄大略切塊，放入果菜機打汁。

❷ 加入塔巴斯哥辣醬或黑醋、檸檬汁與伏特加酒（也可省略）。在大玻璃杯內裝入大量碎冰，倒入蔬果汁中，再加一些芹菜葉。

香蕉牛奶活力飲

香蕉是提供能量的極佳食材，它們含有重要的營養與健康的碳水化合物，而且讓你有飽足感——這絕對是項額外的好處。本飲品還用其他常見水果——鳳梨、棗子和檸檬汁——與全脂牛奶一起打汁，這款美味綜合飲品，可讓你長時間充滿能量。假使你白天有吃點心的習慣，不妨試試這款飲品。沒喝完的飲品可存放於冰箱，至多存放一天。

材料（兩至三杯份）

鳳梨	半顆
梅德朱椰棗（去核）	4顆
成熟香蕉	1小條
檸檬的汁	1顆
全脂鮮奶或豆奶	300ml

廚師的秘訣

梅德朱椰棗因為它的大小、質地和甜度出眾，而成為椰棗之寶。它源於摩洛哥，幾世紀之前，只有皇室及顯貴才得以食用，現在，已是易於取得的食材。

❶ 把鳳梨削皮去心，果肉大略切塊，放入果汁機或食物調理機，然後加入去核椰棗。

❷ 香蕉去皮切塊，與檸檬汁一起加入果汁機中。

❸ 徹底攪打直至滑順，如果需要可暫停，以橡皮刮刀把機器容器內壁的混合果泥刮下。

❹ 把牛奶加入果汁機或食物調理機內，簡單攪打至充分混合，再將牛奶果汁倒入長玻璃杯內。

豆檸橙香牛奶

加入豆腐與現榨柳橙汁、味道強烈的檸檬，以及散發香氣的蜂蜜一起攪打，可轉變成滑順、奶油狀的美味飲品。大部分的人不會想到把豆腐用於綜合飲品中，但請務必試試看——你將會趕到非常驚豔。如果可以，試著使用嫩豆腐來製作這款牛奶果汁，因為它極為光滑的質地，攪拌起來效果特別好。

材料（一大杯份）

柳橙	2顆
檸檬汁	15ml
向日葵蜜或香草植物蜜	20~25ml
豆腐	150克
細長柳橙皮，作為裝飾	適量

廚師的秘訣

如果你較喜歡滑順的飲品，飲品在攪打之後再以篩子過濾，以去除柳橙皮。

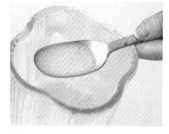

❶ 以一顆柳橙磨皮備用，再以柳丁機把兩顆柳橙榨汁。將果汁倒入食物調理機或果汁機內，加入磨碎的柳橙皮、檸檬汁、向日葵蜜或香草植物蜜與豆腐。

❷ 把這些材料攪打至滑順奶油狀，然後倒入一個玻璃杯中，以柳橙皮做裝飾。

水果豪華豆奶

李子乾、蘋果、柳橙與豆奶的組合，看來可能有點違和，但是這款飲品絕對超級美味。這款飲品香甜且富含焦糖，非常好喝，是老少咸宜的飲品，當然也適合不吃乳製品的人。當然，如果你喜歡，也可以用一般牛奶；但如果你在意熱量，則使用脫脂牛奶，雖然成品就不那麼奶油狀，但仍然很美味。

材料（一個長玻璃杯份）

食用蘋果	2小顆
李子乾（可即食，去核）	5顆
柳橙的汁	1顆
豆奶	60ml
冰塊	適量

廚師的秘訣

任何食用蘋果都可製作這款飲品，如果你喜歡較酸的口感，選用青蘋果；假使不喜歡酸味，則可選用較甜的蘋果。

❶ 把蘋果去心，切成大塊，但不要削皮。把一半的切塊蘋果放入果菜機內打汁，然後放李子乾與剩下的蘋果塊攪打。

❷ 把蘋果與李子乾汁倒入水瓶中，再加入柳橙汁及豆奶，輕輕攪打直到滑順起泡。把成品倒入大玻璃杯中，並加入一些冰塊。

梨麥葡萄優格飲

如果你想要一種有效提神的組合，一定沒有比多汁梨子和葡萄綜合果汁更好的選擇了。小麥胚芽可用來修補、維持生命的能量；黃豆優格讓果汁變成含有蛋白質，漂浮著美味輕淡泡沫的奶昔。這是一種很有飽足感的食品，也是那些忙碌得無暇準備真正營養食物的人之極佳選擇。它是一種迅速簡易的飲品，對你也極有幫助——還有什麼可以比它更好呢？

材料（一大杯份）

梨子	1大顆
白葡萄	150克
小麥胚芽	1湯匙
黃豆優格	60ml
冰塊	適量

廚師的秘訣

如果你較喜歡奶類優格而非黃豆優格，就以你喜歡的來取代，但最好選用原味並且無脂肪的優格，因為大部分的水果味道來自梨子和葡萄。

❶ 把梨子削皮，果肉切成相當大小的大塊。

❷ 把一半的梨子塊放入果菜機中打汁，接著放入葡萄及其餘的梨子塊。把打好果汁倒入小水瓶中。

❸ 把小麥胚芽加到優格中，攪拌以充分混合。

❹ 把小麥胚芽與優格倒入梨子葡萄汁中，拍打至稀薄起泡，倒在放入冰塊的杯中即完成。

柳橙和覆盆子奶昔

這種絕妙的綜合飲品，結合了口感酸甜的覆盆子、提神的柳橙，以及滑順的優格。這般奶油狀的繽紛水果口感只需花幾分鐘準備，很適合作為趕時間時的早餐，或作為一天當中任何時間的元氣補充飲品。

❶ 把覆盆子和優格放入果汁機或食物調理機，攪打1分鐘，直到滑順且呈奶油狀。

❷ 把柳橙汁加到覆盆子優格中，再攪打30秒直到完全混合，並倒入長玻璃杯中。

材料（兩至三杯份）	
覆盆子（冷藏過）	250克
原味優格（冷藏過）	200ml
現榨柳橙汁（冷藏過）	300ml

廚師的秘訣

如果你追求冰涼口感，可以冷凍覆盆子代替新鮮的，如此一來，你可能需要攪打稍微久一點，以達到滑順狀態。

芒果萊姆優格奶

這款味道強烈、含有很多水果的綜合飲品，是取材自傳統的印度飲品。它很適合作為早餐，或隨時補充能量的美味飲品。軟而成熟的芒果與優格，搭配酸而帶刺激香氣的萊姆和檸檬汁，製成口感豐厚冰涼的絕佳飲品。在你需要放鬆時，也可把它當成甜而多汁的撫慰飲品來享用。

材料（兩個長玻璃杯份）

芒果	1顆
萊姆的皮（精細磨碎）	1顆
檸檬汁	15ml
白砂糖	1~2茶匙
原味優格	100ml
礦泉水	適量
額外的萊姆（切半使用）	數顆

❶ 芒果去皮，把果肉從果核上切下，放入果汁機或食物調理機中，加入萊姆皮，以及萊姆汁。

❷ 加入檸檬汁、糖和原味優格，攪打至完全滑順。必要的話，把附著在機器容器內壁的混合優格刮下來，加入一點礦泉水攪拌以沖淡果汁。

❸ 每杯額外準備半顆萊姆，可隨個人口味擠入更多果汁。

杏桃橙香蜜飲

杏子、桃子和金橘能製作出讓人驚豔的鮮豔橙色果汁，以及充滿活力的絕佳風味。每顆杏子和桃子的天然糖分可能有極大的差異，所以可能需要加一些蜂蜜。一次加一點進入攪拌，不斷嘗試果汁的味道，直到你覺得完美。

材料（兩杯份）

金橘	4顆
成熟杏子（去核）	6顆
桃子（去核）	2顆
純蜂蜜	適量
冰塊	適量

廚師的秘訣

這是非正式宴會的理想飲品，也可作為快速早餐。如果你有朋友來吃晚餐或喝飲品，可製作一些有趣的紐約雞尾酒式攪拌棒——把杏子切半，串在長木叉上，並於每個杯子中都放一支攪拌棒。

❶ 將金橘大略切塊，並把杏子和桃子切成大塊（水果無須去皮）。

❷ 把金橘塊放入果菜機中打汁，然後是杏子和桃子塊。輪流放入這些水果，以確定它們能均勻混合。

❸ 把兩個大玻璃杯裝滿冰塊，倒入果汁。

❹ 加入一點蜂蜜攪拌並嘗試味道，如果不夠甜，再加多一點。然而，要當心不要加過量，否則會壓過其他味道。

熱帶水果圓舞曲

這種飲品有生動的色澤及可口的熱帶水果風味，就連在冬天也能感受到它的熱情與活力，只要它們熟透可食用，任何熱帶水果都可做成很可口的果汁。未成熟的柿子和番石榴打汁後可能都非常苦澀，因此，若水果尚未熟透，在製作的前幾天，把水果放在大碗中，讓它們成熟，美味成品絕對值得等待。

材料（兩至三杯份）

木瓜	1大顆
柿子	1顆
番石榴	1大顆
柳橙的汁	2顆
百香果（切半）	2顆

廚師的秘訣

切水果時，可把部分切成大片，留著做裝飾，或者在最後才丟入一些水果塊在果汁中，以增加口感。

❶ 木瓜切半，黑籽挖出丟棄。把木瓜、柿子和番石榴果肉切成相當大小的大塊。（這些水果必須削皮）。

❷ 把木瓜放入果菜機內打汁，然後是柿子與番石榴。把果汁倒入水瓶中，然後加入柳橙汁，並把百香果肉挖出放入，攪拌並冷藏。

美夢

這款綜合水果飲品十分療癒，可慢慢喚醒你的身心。它含有天然甜味，所以無需另外加糖。新鮮葡萄柚汁和乾燥水果，與富含奶油口感的優格結合，在顏色和味道都呈現出美味的對比。在悠閒的早晨一面讀報一面慢慢啜飲，真是太完美了。

材料（兩杯份）

乾燥無花果或椰棗（去核）	
	25克
李子乾（可即食）	50克
金色葡萄乾	25克
葡萄柚	1顆
全脂牛奶	350ml
希臘優格或脫水原味優格	
	30ml

廚師的秘訣

如果不想加入乳製品，可刪除優格，並且用豆奶或米漿代替。如此一來，這種牛奶果汁的濃度不會那麼像奶油，但仍然很可口，而且或許更對那些口味輕淡者的胃口。

❶ 把乾燥水果放入果汁機或食物調理機內，葡萄柚擠汁，加入機器中，攪打至滑順。必要的話，把附著在機器容器內壁的混合果泥刮下來。加入牛奶，攪打至完全滑順。

❷ 取兩個長玻璃杯，各放入一茶匙的優格，以繞圈方式把優格輕輕拍在杯壁上，再倒入果汁。

覆盆子與燕麥片優格奶昔

只需大約一湯匙燕麥片就能製作這款口感強烈的活力飲品。如果可以，提早準備材料，因為浸泡生燕麥片可以把澱粉分解成天然糖分，較容易消化。這種水果牛奶放於冰箱中會變得濃稠，所以飲用前，可能需要加入一點果汁或礦泉水攪拌。

材料（一大杯份）

材料	份量
燕麥片（中等粗細）	1.5湯匙
覆盆子	150克
蜂蜜	1~2茶匙
原味優格	3湯匙

❶ 將燕麥片置入隔熱碗中，倒入120ml滾水，放置約10分鐘。

❷ 把浸泡過的燕麥放入果汁機或食物調理機中，加入覆盆子，但要留下2~3顆，再加入蜂蜜和兩湯匙左右的優格，攪打至滑順。必要的話，把附著在機器容器內壁的混合燕麥泥刮下來。

❸ 把覆盆子及燕麥片牛奶果汁倒入一個大玻璃杯中，把剩餘優格倒入攪拌，頂端再放上預留的覆盆子。

廚師的秘訣

如果你不喜歡牛奶果汁裡有覆盆子的籽，以木湯匙背把水果壓過一個篩子，做成滑順的果糊，然後再與燕麥片和優格一起攪打。另一種做法是，以紅醋栗來取代覆盆子。

雖然沒有什麼能比一碗熱騰騰的燕麥粥更能為冬日暖身，但是這種滑順且含燕麥的飲料，在較溫暖的季節裡，也是極佳又清淡的選擇。

黃金馥郁活力芝麻飲

這款活力飲容易準備，也容易飲用，是一天最棒的開端。香蕉和芝麻提供完善的能量，以緩慢釋放碳水化合物的形態，讓你整個早上精力充沛。而新鮮且帶有馥郁香味的柳橙汁與香甜芒果，能讓你的味蕾興奮跳動。

材料（兩杯份）

芒果	半顆
香蕉	1條
柳橙	1大顆
小麥麩皮	2湯匙
芝麻	1湯匙
蜂蜜	2~3茶匙

廚師的秘訣

芒果汁原本就非常甜，所以你可能會想要少加一點蜂蜜或完全不加，先嚐一嚐飲品，再決定要加多少。

❶ 芒果削皮，把果肉從果核上切下來。香蕉剝皮切小段，把它與芒果放入果汁機或食物調理機中攪打。

❷ 柳橙擠汁，與小麥麩皮、芝麻和蜂蜜一起加入果汁機或食物調理機，攪打至混合物滑順呈奶油狀，倒入玻璃杯內。

五穀順暢

這種牛奶果汁是另一種極佳的提升活力早餐。它的食材可存放於食物櫃裡，在用完新鮮水果的早晨，可以派上用場。剩餘的飲品可蓋上蓋子存放於冰箱，但在飲用時需加一點牛奶進去，因為在經過冷藏之後，飲品會變得較濃稠。

材料（兩杯份）

醃漬薑，醃漬汁	1塊／300ml
杏子乾（可即食，切半或切4等份）	50克
烘烤脆穀（granola）	40克
低脂牛奶	約200ml

廚師的秘訣

杏子和薑是絕佳搭檔。它可做成健康可口令人滿足的早餐，也可作為夏日主餐後的點心。

❶ 把醃漬薑切塊，與薑汁、杏子乾、烘烤脆穀及牛奶放入果汁機或食物調理機內。

❷ 攪打至滑順，如果有需要的話，則加入多一些牛奶，以廣口玻璃杯盛裝。

賴床能量奶昔

這種可以帶來能量的綜合飲品充滿極佳物質，當你賴床晚起時，這款飲品正好符合你的需求，因為豆腐不只含有豐富蛋白質，也含有很多礦物質，以及能保護你去對抗一些危險疾病的養分。這種奶油狀的綜合飲品以種子和富含維生素的草莓來調理，所以可以完善的照顧到你的午餐時間。可以把剩餘飲品存放於冰箱，當日稍晚或隔天早晨再享用。

材料（兩杯份）

材料	份量
較硬的豆腐	250克
草莓	200克
南瓜子或向日葵子（另備少裝飾用許飲品上）	3湯匙
純蜂蜜	2~3湯匙
柳橙的汁	2大顆
檸檬的汁	1顆

廚師的秘訣

幾乎所有水果都可用來取代草莓，但那些易於攪打的水果特別適宜，例如芒果、香蕉、梨子、李子和覆盆子。

❶ 豆腐大略切塊，草莓去蒂，大略切塊，部分備用。

❷ 把所有材料放入果汁機或食物調理機，攪打至完全滑順。必要的話，把附著在機器容器內壁的混合果泥刮下來。

❸ 把飲品倒入大玻璃杯中，灑上南瓜或向日葵子以草莓塊。

巧啡元氣奶昔

有些人喝了新鮮果汁就覺得精神百倍，有些則需要濃咖啡。他們每天若沒有咖啡因提神就提不起勁，這道配方把帶有頹廢享樂氣息的黑巧克力和富含咖啡因的咖啡結合成美味、帶著泡沫的補充能量飲品。這款飲品中雖可大大滿足自己，但因為很甜，所以不要經常這樣款待自己。

材料（一大杯份）

半甜巧克力原味 （另備少許裝飾用）	40克
即溶濃縮咖啡粉	1~2茶匙
全脂牛奶	300ml
濃味鮮奶油	30ml
冰塊	適量
無糖可可粉，灑於飲品上裝飾	

❶ 巧克力切成塊，與濃縮咖啡粉和100ml牛奶一同放入小平底鍋內。以非常小的火加熱，使用木湯匙攪拌，直到巧克力融化，再從火爐上拿開，倒入碗中，放10分鐘讓它冷卻。

❷ 把剩餘的牛奶和奶油（可不加）加入，然後，你可使用手持攪和棒，把飲品攪拌至滑順起泡。最後倒入盛滿冰塊的大玻璃杯或馬克杯內，灑上可可粉與巧克力片。

簡易滑順果昔

無論是提神的強烈風味，
或是滑順如絲綢的口感，
果昔在飲品中都佔了一席之地，
成為大受歡迎的飲品。
可單純以水果來調理，
也可加入奶油椰子、水果茶、香草植物或香辛料，
嚐試各種不同的作法。
這裡將提供許多特別的點子，
不妨實驗看看，
創造屬於你的組合方式吧。

紅寶石夢想家

無花果獨特精細的味道，最好用在簡單的組合裡，與那些能提升而非隱藏它們味道的原料混合。新鮮無花果就像其他多數的水果一樣，於大部分季節都買得到，但冬天的品質最佳，而紅寶石柳橙也正當盛產時節——給你完美的理由製作這款真正的饗宴。

❶ 把無花果堅硬的木質尖端從莖上切下，再各自切半。

❷ 以柳丁機或手擠出柳橙汁，倒入果汁機或食物調理機後，加入無花果和糖，充分攪打至滑順、濃稠。必要的話，把附著在機器容器內壁的混合果泥刮下。

❸ 加入檸檬汁，簡單攪打。倒在裝有碎冰的杯中。

材料（兩杯份）

成熟無花果	6大個
紅寶石柳橙	4顆
黑糖（糖漿）	1湯匙
檸檬汁	30~45ml
碎冰	適量

廚師的秘訣

如果你買不到紅寶石柳橙，可用其他種類柳橙，但果汁的顏色將不會如此鮮豔。

芒果狂熱

即使不吃乳製品的人，都可以享用這款豐盛、令人滿足的奶油狀飲品。本飲品以豆奶製成，豆奶特別適合做奶昔與牛奶果汁。它有討喜的焦糖味，與水果糊混合起來，特別出色（特別是甜味強烈而自然的水果，例如芒果）。

材料（兩個長玻璃杯份）

中等大小芒果	1顆
豆奶	300ml
萊姆的皮（磨碎）和汁 （另備一些皮作為裝飾）	1顆
蜂蜜	1~2湯匙
碎冰	適量

廚師的秘訣

如果你喜歡非常甜的飲品，在本食譜裡，可選用有蘋果口味的豆奶，它可在超級市場裡買到，並有極為豐富的味道。

❶ 芒果削皮，並把果肉從果核上切下。把切塊的芒果肉放入果汁機或食物調理機，再加入豆奶、萊姆皮和果汁，以及一點蜂蜜，攪打至滑順起泡。

❷ 嚐嚐味道，如果你喜歡，再加入些蜂蜜攪打混合。把一些碎冰放入2個玻璃杯內，然後倒入果昔，灑上萊姆皮即可。

仲夏綜合果昔

只要一袋早已包裝好而且可立即使用的夏季綜合水果，就可輕鬆做出一道以水果為基底的飲品。冷凍水果意味著製成的飲品也是冰涼得剛剛好，所以你不需要加冰。這款果昔加入柳橙汁，並以一圈誘人的奶油來增加口感的豐厚，陪伴你沐浴在陽光中，度過悠閒的午後。

材料（三杯份）

冷凍夏季綜合水果（部分解凍）	500克
白砂糖	2湯匙
現榨柳橙汁	約300ml
淡味鮮奶油	60ml

廚師的秘訣

如果你不想擠柳橙汁，也可買現成果汁來使用，但避免購買濃縮果汁。

❶ 預留一些綜合水果，其餘全部倒入果汁機或食物調理機，再加入糖和柳橙汁攪打至滑順。如果太濃稠，則再加一點柳橙汁。

❷ 把果昔倒入 3 個長玻璃杯內，沿杯壁塗布奶油，上端以預留之水果做裝飾。供應飲品時，附上長柄湯匙來攪拌奶油。

水果茶奶昔

你可依照個人喜好，使用各類水果茶作為基底製作這款飲品，多數超市都能買到各種水果茶包。本食譜使用杏子乾及蘋果乾，但你也可以以其他果乾來取代，例如梨子乾、桃子乾或熱帶水果乾。本果昔的製作，從開始到結束，約需一小時，所以，要製作本飲品，不要等到最後幾分鐘才開始。

材料（兩杯份）

蘋果乾	50克
杏子乾	25克
水果茶包	2個
檸檬的汁	1顆
鮮奶油或原味優格	30ml
礦泉水	適量

廚師的秘訣

蘋果與檸檬、蘋果與芒果、森林莓果草莓與覆盆子，這些水果茶都很容易買到。當選擇水果乾時，要採用味道與你的茶最對味的。

❶ 把蘋果乾與杏子乾大略切塊。把茶包浸泡在滾開水中5分鐘，然後取出。

❷ 把這些水果切塊加到茶裡，放置30分鐘。再放入冰箱30分鐘，直到茶完全冰涼。

❸ 把水果茶放入果汁機或食物調理機中，並加入檸檬汁，充分攪打直到滑順。必要的話，把附著在機器容器內壁的混合果泥刮下來。

❹ 加入鮮奶油或優格，簡單攪拌，如果太過濃稠，加入一點礦泉水。

非常莓果

新鮮與冷凍的小紅莓經常供不應求，但小紅莓乾則全年都有，而且當它們與豆奶混合時，可做成美味且不含乳製品的奶昔。在這款帶有提神的酸味的果昔裡，小而深紅的紅醋栗與小紅莓乾形成最佳拍檔。此外，這款低脂綜合飲品含有天然糖分，以及不可或缺的養分與維生素。

材料（一大杯）

小紅莓乾	25克
紅醋栗（另備一些作為裝飾）	150克
純蜂蜜	2茶匙
豆奶	50ml
氣泡礦泉水	適量

❶ 把小紅莓乾放入小碗內，倒入90ml開水，浸泡10分鐘。

❷ 把紅醋栗的柄，拉著穿過叉子的齒，把紅醋栗一顆顆的摘下。

❸ 紅醋栗與小紅莓以及浸泡的水一起放入食物調理機或果汁機，充分攪打，直到滑順。

❹ 加入蜂蜜與豆奶，簡單攪打，把這些材料混合。

❺ 將莓果奶昔倒入大玻璃杯，上面加一些氣泡礦泉水來沖淡飲品。把紅醋栗懸掛在玻璃杯邊緣作為裝飾即完成。

廚師的秘訣

要多花一些時間讓小紅莓乾回復水分，除了較容易打汁，味道也最極致。

紫色霧靄

濃稠深色的藍莓果糊，環繞在淡白色呈奶油狀且帶香草口味的優酪乳裡，看起來令人驚喜，嚐起來也很棒。除了它本身的奶油以外，優酪乳也為這種奢侈的果汁牛奶增添可口而鮮明的強烈氣味。如果你不喜歡優酪乳，或是在附近的超級市場買不到，也可以將天然優格和牛奶各半混合，用來代替優酪乳。

材料（兩個長玻璃杯份）

藍莓	250克
白砂糖	50克
檸檬汁	15ml
優酪乳	300ml
香草精	1茶匙
全脂牛奶	150ml

❶ 把藍莓放入果菜機裡打汁，然後再把1湯匙的糖與這些檸檬汁倒入藍莓汁裡，充分攪拌，並分成2份，倒在2個長玻璃杯裡。

❷ 把優酪乳、香草精、牛奶和剩餘的糖倒入果汁機或食物調理機，攪打至起泡（或用手持電動攪拌棒，攪打至起泡）。

❸ 把成品倒在藍莓汁上面，讓所有食材自然攪和在一起，但無需完全融合，因為保持某種程度的分離可讓味道和外觀更佳。

廚師的秘訣

深藍紫色的藍莓汁與優酪乳，無論在色澤或味道上，都是極佳的對比。如果你買不到藍莓，其他微酸的水果，例如覆盆子或黑莓，也可用來作為食材，調製這款富含乳香的飲品。

莓友香滑

這道簡單的食譜使用了燕麥奶，一種無膽固醇、富含鈣質的牛奶替代品，同時也是香甜的夏季水果好搭檔。雖然燕麥是可儲放於食物櫃裡的良好備品，但是，你可能會較喜歡把它做成燕麥奶，存放於冰箱備用，每當興致一來，就可立即把它們做成燕麥奶昔。若是你想要冰涼的口感以提神，可使用一袋半解凍的冷凍綜合水果，攪打成口感豐厚的飲品。

材料（兩杯份）

冷凍夏季綜合水果（半解凍，另備一些作為裝飾用）	250克
黃豆優格	130克
香草糖漿	45ml
燕麥奶	350ml

廚師的秘訣

香草糖漿很甜，且氣味濃郁，可增添飲料香醇濃厚的氣味。如果你買不到香草糖漿，可使用3湯匙白砂糖與1茶匙品質較佳香草精來代替。

❶ 把半解凍的綜合夏季水果放入果汁機或食物調理機，再加入黃豆優格，然後充份攪打以做成濃稠果泥。必要的話，以塑膠刮刀把附著在機器容器壁的混合果泥刮下，再簡單攪打一次，以讓這混合物充分混合。

❷ 加入香草糖漿和燕麥奶，再攪打一次，直到滑順。

❸ 放到小水瓶中冷藏，或把它倒入2個長玻璃杯中，並以水果做裝飾。

甜梨小紅莓果昔

這款美味的果昔，應該選用成熟而真正多汁的梨子，才能獲得最佳口感。所以，若是你買來的梨子還硬，把它們放在水果缽內幾天，再拿來製作這款新鮮的水果飲品。不要忘記事先把大黃煮熟，才有充裕的時間冷卻。

材料（三至四杯份）

生長初期較嫩的大黃	400克
成熟梨子	2大顆
新鮮或冷凍的小紅莓	130克
白砂糖	90克
礦泉水	適量

廚師的秘訣

假使你用的是冷凍小紅莓，無需事先解凍，可直接拿來攪打，能讓降至最恰當的溫度。

❶ 修剪大黃並切成2公分長度。

❷ 把大黃切片放在平底鍋中，加入90ml的水，蓋上緊密的蓋子，以文火煮約5分鐘或直到煮軟。把大黃置涼，留幾片放一邊備用，以便作為裝飾用。

❸ 把梨子削皮，各切成4等份並去心，與小紅莓、大黃和它煮過的汁液，以及糖一起放入果汁機或食物調理機中。

❹ 攪打至滑順。如果你喜歡，可以用礦泉水稀釋，並以大黃切片來做裝飾。

迷迭香甜飲

假使你有成熟甜美的水果，在眾多果昔中，最值得製作的就是這款飲品。新鮮迷迭香絕妙的芳香，呼應了甜蜜馥郁又多汁的油桃，製成了讓人垂涎三尺，美味再舌尖躍動的綜合飲品——做多一點，因為你一定會想喝更多。

材料（三杯份）

長迷迭香嫩枝（另備數枝作為裝飾用）	4枝
細黃砂糖	1湯匙
薑（磨碎）	半茶匙
柳橙	2顆
油桃	4顆
冰塊	適量

❶ 把迷迭香嫩枝與糖、磨碎的薑和150ml的水一起放在小平底鍋中，文火加熱直到糖融化，再慢煮1分鐘，然後從火爐上拿下，把嫩枝和糖漿放到碗中冷卻。

❷ 擠出柳橙汁，把油桃切半去籽，與柳橙汁一起放入食物調理機或果汁機中，攪打至滑順。如果有一些油桃皮散佈在果汁中，無妨。

❸ 把迷迭香嫩枝從糖漿中取出，糖漿倒入果汁中，簡單攪打。

❹ 每個杯子放一點冰塊，再倒滿果汁，立即供應飲品，並以額外的迷迭香嫩枝作為裝飾。

廚師的秘訣

如果你買了油桃，卻發現它們硬得像子彈一樣，把它們放在水果缽中幾天吧——它們應該很快就會成熟。

香草雪花

品質良好的香草精是飲料調味品的一時之選，但若使用香草莢，則會獲得遠勝於香草精的香氣。這款果昔聞起來十分香甜，像奶油般濃稠，非常值得奢侈的使用整個香草莢──它可愛如雪般的白色，快樂的沾上了香草小而黑的種子。

材料（三杯份）

材料	份量
香草莢	1條
白砂糖	25克
食用蘋果	3顆
天然優格（原味）	300克

❶ 以刀尖直式切開香草莢，把它和糖與75ml的水放到小平底鍋中，加熱直到糖融化，然後滾煮1分鐘，再從火爐上拿下，浸泡10分鐘。

❷ 把蘋果切成大塊，放入果菜機中打汁，然後把這果汁倒入大碗或水瓶中。

❸ 把香草莢從平底鍋取出，把它的小黑種子刮下來放回糖漿中，再倒入蘋果汁。

❹ 以手動或電動攪和機充分攪打優格，直到濃稠起泡。

廚師的秘訣

如同大多數果昔，這款飲品最好冰涼的喝，你可直接使用從冰箱裡拿出來的蘋果和優格，或在飲用前稍微冷藏放涼。如果你想做出濃稠冰涼的口感，可嘗試使用冷凍優格。

覆盆子蘋果玫瑰調飲

雖然我們經常以果菜機來打蘋果汁，但也可以用果汁機或食物調理機來攪打蘋果，只要操作得當，就可做出具有風味的果昔。本食譜是以新鮮蘋果汁作為稀釋，你可以去商店購買（要確認品質良好），或自己製作。

材料（兩杯份）

食用蘋果	2顆
白砂糖	10ml
檸檬汁	15ml
新鮮或冷凍覆盆子	130克
蘋果汁	130克
玫瑰水	15~30ml
整顆覆盆子和玫瑰花瓣，作為裝飾用	適量

廚師的秘訣

若希望覆盆子去籽，可攪打後將果泥以篩子濾過，再加入蘋果。

❶ 蘋果削皮去心，與糖和檸檬汁放入果汁機或食物調理機，充分攪打直到滑順，必要的話，把附著在從機器容器內壁的混合果泥刮下來。

❷ 把覆盆子和蘋果汁加到蘋果泥中，攪打直到滑順。

❸ 加入玫瑰水簡單攪打，讓二者混合。

❹ 倒入玻璃杯中，如果你喜歡，把整顆覆盆子果粒與玫瑰花瓣放在飲品上，作為裝飾。

椰子榛果奶昔

這款帶有強烈堅果味、口感豐厚的飲品，是悠閒時光的好朋友。沒喝完的飲品可在冰箱裡放置好幾天，在這段時間裡，榛果的味道會變濃。

材料（兩杯份）

去殼的整顆榛果	90克
細黃砂糖	25克
杏仁精	半茶匙
椰漿	200ml
濃味鮮奶油	30ml
礦泉水	150ml
碎冰	適量

廚師的秘訣

如果你希望這款富含奶油的果昔上端有泡沫，你可以加入礦泉水，以手持電動攪和棒攪拌，再把成品倒入玻璃杯。

❶ 榛果大略切剁，並用炒鍋略微烘烤，並經常攪炒，再將堅果與精細砂糖一起放入果汁機或食物調理機中研磨，直到細緻。

❷ 加入杏仁精、椰漿，如果要使用濃味鮮奶油（可不加）也一起加入，徹底攪打。

❸ 經篩子過濾，倒入一個水瓶中。以湯匙背來把這個混合物壓過篩子，儘可能取得最多汁液，再倒入礦泉水攪拌。

❹ 把這2只玻璃杯裝上半滿的碎冰，再倒入牛奶果汁。

肉桂南瓜汁

輕微煮過的冬南瓜可做成美味的飲品，它豐厚圓熟的風味絕佳，加上帶有酸味的柑橙類果汁，與溫暖辛香的肉桂，使它的味道更豐富。想像一下，南瓜派成為可口又滑順的飲料，不妨試試這款香甜且令人迫不及待的奶昔。

❷ 把南瓜放入果汁機或食物調理機，再加入肉桂粉。

❸ 檸檬和葡萄柚擠汁，倒在南瓜上再加入黑糖。

❹ 攪打所有食材，直到非常滑順。必要的話，停下來把食物調理機或果汁機內壁的混合果泥刮下來。

❺ 把一些冰塊放到2~3個矮玻璃杯內，再倒入果昔。

材料（兩至三杯份）

冬南瓜，大約600克	1小個
肉桂粉	半茶匙
檸檬	3大顆
葡萄柚	1顆
黑糖（紅砂糖）	4湯匙
冰塊	適量

廚師的秘訣

如果你只買得到大顆的南瓜，可以一次全部煮完，剩餘的可加到燉菜或湯裡。

❶ 南瓜切半，把籽挖出丟棄。並把南瓜肉切成大塊，切下皮丟棄，把南瓜蒸或煮10~15分鐘，直到剛好變軟。把水倒掉，放置直到冷卻。

綠色惡魔

選擇一顆味道很好的酪梨，例如帶有深色外皮的黑皮酪梨，製作這款有輕微香辛味與辣味的飲品。黃瓜提神，而檸檬和萊姆汁提升了它的口味，而紅辣椒醬增添難以抗拒的辛辣感。本飲品猶如一隻小惡魔，能讓你在昏昏欲睡的時刻，重拾活力。

材料（兩到三分）

成熟的酪梨	1小顆
黃瓜	半條
檸檬汁	30ml
萊姆汁	30ml
白砂糖	2茶匙
鹽	少許
蘋果汁或礦泉水	250ml
甜辣醬	10~20ml
紅番椒細絲，作為裝飾用	
	適量
冰塊	適量

廚師的秘訣

要製作捲曲的紅番椒細條，先把新鮮紅番椒去心去籽，再切成細絲。把細絲放入冰水中放置20分鐘，直到細絲變捲，就可用來裝飾。細滑誘人的酪梨，對你的健康有益，它們新鮮而富含維生素與礦物質的果肉，以對人體健康的毛髮與皮膚有益而著稱。

❶ 酪梨切半，以尖銳刀子把核去除，把這兩半的果肉挖出，放入果汁機或食物調理機中；黃瓜去皮，大略切塊，也加入果汁機或食物調理機中，然後加入檸檬和萊姆汁、白砂糖和一點點鹽。

❷ 把這些食材攪打至滑順呈奶油狀，然後加入蘋果汁或礦泉水與一點點甜辣醬，再攪打一次，讓這些食材些微混合。

❸ 把牛奶果汁倒在冰塊上，以捲曲的紅番椒細絲做裝飾，飲用時，可附帶攪拌棒以及額外的甜辣醬。

冰涼綿密奶昔調飲

豐富水果營養提神，
奶油入口滑順療癒，
有如饗宴般豐盛的食材使人充滿活力！
無論是布朗尼巧克力蛋糕或是手栽薄荷，
充滿懷舊感的香草或是香蕉，
奶昔讓孩子著迷，大人懷念
再沒有比這種飲品，
看起來或嚐起來更棒的了。

純正香草奶昔

只給內行的你！它是飲品中的精華，而且絕對讓人回味無窮。香草莢和牛奶迸出的滋味無可匹敵，但如果你等不及讓牛奶冷卻，也可使用一茶匙品質良好的香草精來取代。

材料（兩杯份）

香草莢	1條
全脂牛奶	400ml
淡味鮮奶油	200ml
香草冰淇淋	4杓匙

❶ 把香草莢從中間割下，再把它放在小平底鍋內，倒入牛奶，讓它慢慢煮滾。

❷ 把平底鍋從火爐上拿開，但把豆莢留在牛奶中，放置直到牛奶變涼。

❸ 把香草莢從冷卻的牛奶中取出，以刀尖把香草種子刮出來，把種子和牛奶及奶油放入果汁機或食物調理機中，攪打至混合。

❹ 把香草冰淇淋加入飲品中，充分攪打，直到它呈現美味的濃稠泡沫狀。把牛奶果汁倒入玻璃杯中。如果你喜歡，也可以用攪拌棒與吸管來裝飾。

廚師的秘訣

這種傳統奶昔較濃郁且富含奶油，但如果你喜歡較淡薄點的口味，可減去一半的奶油，改用等量的牛奶。

純粹草莓主義

沒有其他東西能夠比甜而多汁的草莓香氣,更能喚起人們對夏日美好的感覺了。本食譜大量使用這種香氣滿滿的水果,所以,在草莓的盛產季節十分適合製作本飲品。

材料(兩杯)

草莓(另備一些作為裝飾)	400克
糖霜(製作糕點用的)	2~3湯匙
希臘優格或美國脫水原味優格	200克
淡味鮮奶油	60ml

廚師的秘訣

假使不是草莓盛產季節,也可用其他水果來代替。不妨試著使用新鮮香蕉取代,以做出另一種很受歡迎的奶昔。

❶ 草莓去蒂,與2湯匙糖霜一起放入果汁機或食物調理機中,攪打成滑順的果泥,必要的話,以塑膠刮刀把附著在機器容器內壁的果泥刮下來。

❷ 加入優格和奶油,再攪打一次到滑順起泡。測試甜度,如果你覺得太酸,就加多一點糖,再把成品倒入玻璃杯中,以額外的草莓做裝飾。

玫瑰花瓣杏仁奶

如果你的花園裡有很多玫瑰，這款飲品很值得你犧牲幾朵，來做成這種有可口香氣的夏日奶昔。這種芳香的飲料加入碾碎的杏仁甜餅乾來增加濃稠度及味道，更是炎熱懶散的下午，用來鬆弛身心的絕佳方法。

材料（兩杯）

有香味的玫瑰花瓣（最好是粉紅色作為裝飾）	15克
牛奶	300ml
杏仁甜餅乾（蛋白杏仁餅）25克	
冰塊	適量

廚師的秘訣

無論你的玫瑰是買的或從花園摘下，在使用之前都請務必徹底清洗，以去除花卉上的化學藥品與除蟲劑。

❶ 把玫瑰花瓣與一半的牛奶放到小平底鍋中，煮滾即可熄火，再將杏仁甜餅乾放在碗中，倒上熱牛奶，放置10分鐘。

❷ 把花瓣牛奶、餅乾和剩餘的牛奶，改放到果汁機或食物調理機中，攪打至滑順。

❸ 牛奶經過篩子倒入廣口水瓶中，過濾沒有攪碎的餅乾或玫瑰花瓣，放進冰箱冷藏至少1小時。

❹ 當牛奶冷卻了，將其倒入冰塊，立即享用。如果你喜歡，更可用玫瑰花瓣點綴它。

香蕉楓糖脆飲

香蕉是用來製作快速、簡單的綜合飲品時，極為出色的食材，它與楓糖漿和美洲薄殼胡桃加在一起時，有種自然和諧的口感，真是太棒了！你可以把這種甜蜜的香蕉奶昔倒在冰上享用。如果你覺得精神不濟，更可加上一些巧克力餅乾碎片，吃上一大口。奶昔要盡早飲用。

材料（兩杯份）

大香蕉	2條
美洲薄殼胡桃（另備一些可直接食用）	50克
全脂牛奶	150ml
純楓樹糖漿	60ml
碎冰	適量

廚師的秘訣

去皮香蕉在這道調飲裡扮演著重要的角色。雖然你可以用其他堅果代替胡桃，但胡桃、香蕉與楓糖糖漿，還是最經典、美味的組合。

❶ 把香蕉放入果汁機或食物調理機，攪打至滑順，加入堅果後再攪打一次到完全混合。

❷ 堅果必須攪打得很細緻，必要時可暫停1~2次，把內壁的香蕉泥糊刮下來。

❸ 加入楓糖漿，然後把牛奶倒在香蕉泥糊上，再攪打一次，直到呈濃稠狀。

❹ 把兩個大玻璃杯盛裝半滿的碎冰，再倒入飲品，視個人喜好，飲用時可另外灑上備用的胡桃。

蜂蜜香蕉奶昔

這種可口的奶昔即使不額外添加乳製品，也可以非常滑順濃稠。製作這款飲品時可使用豆奶或米奶，再加上非乳製品的香草口味冰淇淋，就能創造出令人訝異的豐富柔順口感。配上營養又富熱量的香蕉，幾乎就足夠成為一頓正餐了。

材料（兩杯份）

香蕉	2條
純蜂蜜	2湯匙
檬汁	1湯匙
豆奶或米奶	300ml
非乳製品香草冰淇淋	4杓匙

廚師的秘訣

如果你喜歡乳製品，也可以用一般牛奶以及香草冰淇淋，取代非乳製品食材。

❶ 香蕉剝成數段與蜂蜜、檸檬汁一起放入果汁機或食物調理機。攪打至非常滑順，如有必要，以塑膠刮刀將果泥從容器內壁刮下來。

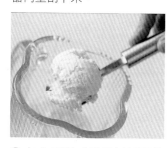

❷ 加入豆奶或米奶以及兩杓匙非乳製品冰淇淋攪拌均勻後，倒入杯中，再加上一杓冰淇淋，即可飲用。

薑莖梨子奶昔

罐頭食品的味道和營養價值雖然比不上新鮮水果，但新鮮食材用完時，種類繁多的罐頭就成了最佳備用品。它們也很有營養價值，特別是可以加在天然不加糖的果汁中。醃漬薑莖與梨子汁的組合，更是挑動味蕾的絕配。

❶ 先切幾片薄薑片，剩下的薑大略切塊，把梨子汁倒出，留下約150ml備用。

❷ 將梨子、梨子汁以及切過的薑放入果汁機攪打至滑順，必要的話，請將混合物從容器內壁刮下來。

❸ 以篩子濾過混合果汁，倒入寬口杯中，再將牛奶、奶油和薑汁糖漿倒入攪拌。倒入兩個玻璃杯中，灑上薄薑片，即可飲用。

材料（兩杯份）

材料	份量
醃漬薑莖，以及醃漬汁	65克／2湯匙
天然梨子罐頭	400克
全脂牛奶	150ml
淡味鮮奶油	100ml
冰塊	適量

廚師的秘訣

如果你喜歡奶昔滑順爽口，請將梨子混合汁過濾，以去除纖維。然而，假如你喜歡較濃稠的口感，就可省略這個步驟。

檸檬糖霜蛋白

就像檸檬糖霜蛋白派是道討喜的點心，這種絕佳的奶昔肯定會博得眾人喜歡。它的甜味糖霜蛋白和檸檬精妙和諧的組合，就像天鵝絨般柔滑卻有冰般沁涼，口感不膩，可以瞬間提神。這真是一道可口的杯中甜點，下次準備晚宴點心時，別忘了它。

❷ 把15克糖霜蛋白略壓碎留做裝飾，其餘的剝碎後放入果汁機或食物調理機中，加入檸檬汁攪打至滑順。

❷ 機器繼續轉動，慢慢的倒入牛奶，直到混合汁呈淡白色並起泡沫後加入冰淇淋，再次攪拌直到滑順。

❷ 將奶昔倒入高玻璃杯中，以檸檬片或捲曲檸檬皮來裝飾杯緣，最後灑上備用的糖霜蛋白，即可用湯匙享用。

材料（兩杯）

白砂糖	2湯匙
檸檬	3顆
白色脆糖霜蛋白	50克
全脂牛奶	300ml
香草冰淇淋	2杓匙
檸檬切片或是捲曲的檸檬皮，作為裝飾用	適量

廚師的秘訣

以檸檬裝飾飲料時，切記要買未上蠟的。

❶ 把糖和100ml的水放入小平底鍋中，慢火加熱直到糖融化後倒入寬口杯。檸檬榨汁後，加入糖漿中等待冷卻。

薄荷奶昔

如果你有種薄荷，不妨採些作為這道奶昔的材料，越新鮮的薄荷味道越好。把薄荷加入糖漿放涼，再與優格和濃稠牛奶一起拌入香氣濃郁、起泡的奶昔中。奶昔最後會散布薄荷的綠色微粒，若你喜歡完全滑順的感覺，也可以將它們過濾。

材料（兩格長玻璃杯份）

新鮮薄荷	25克
白砂糖	50克
天然優格（原味）	200克
全脂牛奶	200ml
檸檬的汁	1湯匙
碎冰	適量
製作糕餅的糖霜	少許

❷ 將混合物加熱，偶爾攪拌一下直到糖融化，再煮滾2分鐘，將平底鍋從火爐上拿下，置一旁直到糖漿完全冷卻。

❸ 將煮滾的糖漿用篩子篩過，倒入水瓶中，以湯匙背把薄荷壓在篩子上，再倒入果汁機或食物調理機中。

❹ 把優格和牛奶加入糖漿中，讓機器攪打至滑順起泡，加入兩支備用的嫩薄荷與檸檬汁，再攪拌至奶昔上散佈綠色微粒。

❺ 把碎冰倒入高玻璃杯或寬口玻璃杯，再倒入奶昔。以薄荷嫩枝灑上糖霜，即可飲用。

❶ 摘下4小枝薄荷嫩葉備用，剩餘的薄荷葉大略剪碎，放入小平底鍋中加入糖並倒入105ml的水。

迷迭香杏仁奶

如果你想要來點不一樣的，絕對不能錯失這令人愉悅的飲品。新鮮的迷迭香嫩葉加上牛奶，會有一種溫和的芳香和氣味。再與甜杏仁餅乾攪拌，更是美味無比。因為加上奶油與融化的香草冰淇淋，這種如天鵝絨般柔滑的創意飲品十分的華麗。

材料（兩杯份）

新鮮迷迭香的嫩枝	4支
全脂牛奶	400ml
杏仁甜餅乾或義大利蛋白杏仁小餅乾（多備一些作為裝飾）	50克
香草冰淇淋	3杓匙
結霜迷迭香嫩枝	數枝

廚師的秘訣

要做結霜迷迭香嫩枝，只要以一點打過的蛋白沾在迷迭香，再於糖霜中沾一沾，放置變乾即可。

❶ 把迷迭香嫩枝放入小平底鍋中，加入150ml牛奶，慢火加熱至沸騰。將迷迭香牛奶倒入碗中，放置10分鐘冷卻。

❷ 取出迷迭香嫩枝，小心的將仍然溫熱的牛奶倒入果汁機或食物調理機中，加入杏仁餅攪打至滑順濃稠狀，再加入剩餘的250ml牛奶，徹底攪拌。

❸ 香草冰淇淋挖出後放入一起攪打至完全混合。把成品倒入大玻璃杯中，再以細緻的結霜迷迭香嫩枝和些許壓碎的杏仁餅乾裝飾，即可飲用。

綿密開心果奶昔

千萬別因為這道有著層次的可愛飲品以米作為材料而有所遲疑。混合了豆奶、開心果和非乳製品冰淇淋，調理出這般夢幻、綿密的飲品，你可以一層一層飲用，或用支漂亮的攪拌棒攪勻它。這道奶昔就如同它的名字，豐厚口感中帶著頹廢的享樂氣息。

材料（三至四小杯份）

豆奶	550ml
短米（pudding rice）	50克
白砂糖	4湯匙
檸檬的皮	1顆
去殼開心果（多備一些作為裝飾用）	75克
非乳製品香草冰淇淋	300ml
杏仁精（萃取物）	1茶匙

❶ 將豆奶、米、糖和檸檬皮放入平底鍋內慢慢熬煮，再用小火煮到沸騰，半掩著鍋蓋，以最小火力煮約30分鐘，或煮至米完全變軟。

❷ 將米改盛至隔熱碗中，放著直到完全冷卻。

❸ 把開心果放到另一個防熱碗，以開水完全浸泡開心果，放置約2分鐘後再把水倒掉。

❹ 把折了幾層的廚房紙巾拿來摩擦開心果，使其皮鬆脫並去除。不能完全去皮也無妨，但是如果能將大部分的皮去除，做成的奶昔會有較漂亮的色澤。

❺ 把冷卻的米放入果汁機中攪打至滑順，再把一半的混合物放到一只碗中。加入非乳製品冰淇淋攪拌均勻，然後倒入另一個碗中。接著把堅果、剛剛剩餘的米，以及杏仁精一起放入，直到堅果變得細緻。

❻ 將這兩種混合汁一層層倒入杯子，再以開心果裝飾。

杏仁糖柳橙汁

充滿冬季風味的多汁柳橙，與杏仁糖形成一種有趣的組合。而柑橙類水果的果汁，為這種豐厚如奶油般的飲料，增添了一種美味又提神的強烈氣息。拿來招待朋友，是再恰當不過的飲品，因為它所使用的特殊食材，肯定會成為話題。你可以多做一些，喝不完的可存放冰箱下次再喝。

材料（三至四杯份）

材料	份量
杏仁糖	130克
柳橙磨下的皮與果汁	2大顆
檸檬的汁	1顆
礦泉水	150ml
淡味鮮奶油	150ml
冰塊	適量
扇形柳橙片，作為裝飾	適量

廚師的秘訣

飲用杏仁糖柳橙汁前，請先攪拌避免沉澱。

❶ 杏仁糖剝成小塊，放入果汁機或食物調理機中，加入柳橙皮、柳橙汁以及檸檬汁，徹底攪打至滑順。

❷ 加入礦泉水及奶油後再次攪打，直到滑順起泡。把飲品倒在裝有冰塊的玻璃杯，可用柳橙塊裝飾，即可飲用。

櫻桃椰子奶昔

新鮮櫻桃的產季太短暫了，罐頭櫻桃也可以是美味備用品。在此，它將與傳統搭檔——濃稠的椰奶搭配，做成豐厚香濃豐富的飲料，最適合那些不太喜歡甜而濃稠的奶昔的人。但要切記你買的是去籽櫻桃，否則在把它放入果汁機之前，必須得自己動手，小心的將它們去籽。

材料（兩杯份）

材料	份量
糖漿去籽黑櫻桃罐頭	425克
椰奶	200ml
淡口味黑（紅）砂糖	1湯匙
黑櫻桃口味的優格	150ml
濃味鮮奶油	100ml
略烤過的椰子粉，裝飾用	適量

廚師的秘訣

買不到黑櫻桃口味的優格時，可使用香草口味或天然原味優格取代，攪打時可加少許糖。

❶ 把篩子放在碗的上端，再把罐頭櫻桃倒在篩子上濾乾，糖漿備用。

❷ 濾乾的櫻桃、椰奶和糖放入果汁機或食物調理機中，約略攪打至滑順（不要過度攪打，否則可能會開始分離）。

❸ 用篩子過濾奶昔，倒入一個寬口杯瓶中，以湯匙背壓果泥過篩子，儘可能榨出更多果汁。

❹ 加入備用的櫻桃糖漿、優格和奶油，略為攪拌直到滑順起泡。最後將成品倒入玻璃杯中，灑上椰子粉。

熱情奔放

成熟百香果和甜焦糖的組合，讓這款夢幻奶昔看來繽紛多彩。為了方便起見，你可以事先製作焦糖糖漿，並與新鮮百香果汁結合，以準備好與牛奶攪拌。請確定你用的是真正成熟且起皺紋的百香果才能做出最棒的奶昔。

材料（四杯份）

白砂糖	90克
柳橙的汁	2大顆
檸檬的汁	1顆
成熟的百香果 （可多備一些作為裝飾）	6大顆
全脂牛奶	550ml
冰塊	適量

❶ 把糖與200ml的水放入一只小平底鍋中，慢火加熱，以木湯匙攪拌直到糖融化。

❷ 糖漿沸騰後，不用攪拌再煮約5分鐘，直到變成金黃色。滾煮時，最後的那段時間要密切注意，因為焦糖可能會迅速燒焦。如果真的燒焦了，先把它放涼再刮除丟掉，重新做一次。

❸ 當焦糖變成深金黃色，立即把平底鍋的底部放入冷水中，避免它繼續滾煮。

❹ 小心的加入柳橙和檸檬汁，稍微往後站，因為糖漿可能會劈啪飛濺。把平底鍋再放回火爐上，慢慢的煮並繼續攪拌，直至滑順。最後把糖漿放到小隔熱碗，待完全冷卻。

❺ 百香果切半，取籽，放入果汁機或食物調理機，再加入焦糖和牛奶，攪打至滑順起泡。把成品倒在裝滿冰塊的杯中，最後以百香果裝飾，即可飲用。

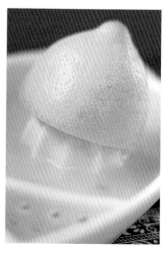

卡士達棉花糖奶昔

這道豐厚、甜美的奶昔，結合了冰涼的卡士達醬、象徵快樂的巧克力，以及大塊的堅果與美味的棉花糖。和孩子們一起做這道飲品會非常有趣，他們和大人一樣喜歡這種令人陶醉的甜蜜。當你需要一道美味甜點，或想在炎熱午後的花園裡鬆弛身心時，就來一杯吧。

材料（三杯份）

半甜巧克力	75克
剝皮杏仁	40克
粉紅和白色棉花糖	50克
現成的高品質卡士達醬	600ml
牛奶	300ml
白砂糖	2湯匙
香草精（萃取物）	1茶匙

❹ 把成品倒入大玻璃杯中，灑上備用的棉花糖和碎巧克力，即可飲用。

廚師的秘訣

冰過的巧克力很難磨碎，此時便可把它放到微波爐中，短促地加熱一下，因為微波爐較不易使巧克力脆裂磨壞。

❶ 巧克力粗略磨碎，杏仁稍微烘烤過切碎，用剪刀大略的把棉花糖切塊，留下幾塊作為裝飾用。

❷ 將卡士達醬放入果汁機或食物調理機中，加入牛奶、糖和香草精，粗略攪打至混合。

❸ 留些巧克力備用。然後把其他巧克力、杏仁和棉花糖加到果汁機中，攪打至棉花糖成細塊。

肉桂冰咖啡

當天氣逐漸暖和，你可以用這種夏日清涼聖品來取代一杯熱咖啡。它以肉桂淡淡調味後冰鎮飲用非常適合。這是種滑順的休閒飲品，尤其當你需要放鬆身心時，當然，它也值得讓你放一壺在冰箱中享用。

材料（兩大杯）

肉桂粉	1茶匙
全脂牛奶	400ml
白砂糖	40克
冰濃縮咖啡	300ml
冰塊	適量
肉桂棒，攪拌用	適量

廚師的秘訣

如果要舉辦晚宴，何不讓你的食物來點香辛味，並且把這款奶昔搭配貝里利口酒或堤亞瑪利亞咖啡利口酒。這種類型的酒與這款奶昔的奶油及精緻的肉桂味，非常搭調。

❶ 把肉桂和100ml牛奶與糖一起放入小平底鍋，以慢火煮滾，再從爐子上取下，待涼。

❷ 待肉桂牛奶冷卻後，倒入水瓶或碗中，加入剩餘的牛奶與濃縮咖啡，然後以手持電動攪拌棒充分攪拌直到起泡，最後倒入玻璃杯中加入冰塊，以肉桂棒攪拌棒即可飲用。

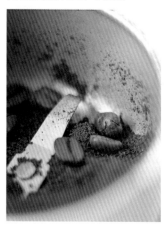

巧克力布朗尼奶昔

如果你想嚐嚐可使人上癮的口味，不妨使用自製的布朗尼巧克力蛋糕，絕對能夠做出一道令人著迷的超級美味奶昔。這款口感豐富得令人難以置信的飲品，帶有悠閒享樂的氛圍，值得你靠坐著椅背，並且享受這完全屬於自我的奢華片刻，我想你應該捨不得和別人分享它吧。

❶ 布朗尼巧克力蛋糕剝碎，放入果汁機或食物調理機，加入牛奶攪打至淡巧克力色。

❷ 加入冰淇淋攪打至滑順起泡，將成品倒入高玻璃杯中，再加入一點攪打過的奶泡，灑一些巧克力屑或巧克力粉，即可享用。

材料（一大杯份）

布朗尼巧克力蛋糕	40克
全脂牛奶	200ml
香草冰淇淋	2杓匙
奶泡	少許
無糖巧克力屑或粉裝飾用	適量

廚師的秘訣

如果你想加入更多的巧克力來款待自己，可以去除香草冰淇淋，改以等量的巧克力或巧克力碎片來取代。

給孩子們的飲品

將早餐、課後的點心，甚至是孩子們的派對飲料，
轉化成美味的組合，
包含了新鮮的果汁、有趣的氣泡飲料、奶昔，
還有一些適合下午茶的飲品，
輕鬆取代普通無趣的點心或布丁。
請讓孩子們幫忙準備，
他們將更能享受這些自製的美妙飲品。

新鮮柳橙汁

不只是擠出柳橙汁，而是將柳橙連皮打汁，這意味著我們可攝取到水果的最佳營養，並減少浪費。雖然這種果汁加了不少糖，但至少可以確定裡面沒有不為人知的色素、香料和防腐劑，這是比在店面購買更健康的選擇。對於每天喝大量果汁的孩子們而言，這種果汁在恰當不過了。

材料（兩杯半濃縮果汁）

白砂糖	90克
柳橙	6大顆
礦泉水或蘇打礦泉水，稀釋以備用	

❶ 把糖與100ml的水放入一個小平底鍋中，慢慢加熱、攪拌至糖融化，煮滾後再快滾3分鐘，直到成糖漿，再從爐子上取下。

❷ 取3個柳橙，去皮，果肉切小塊，要能可以通過果菜機的漏斗狀置入口。剩餘的柳橙連皮切成類似大小的塊狀。

❸ 柳橙塊放入果菜機中打汁，然後與糖漿混合，把成品放入水瓶存放在冰箱中。飲用時，以礦泉水或氣泡礦泉水稀釋到個人喜歡的濃度。

紅寶石檸檬水

這款快速簡單的水果提神飲品，可使用黑莓或藍莓，甚至兩者都加也可以。比起市售的現成飲料，它是更健康的新選擇。幾分鐘就可完成，存放於冰箱可保鮮好幾天。如果你有很多這類的夏季水果，可多做一些冷凍在製冰盒裡。每份最好分開冷凍，這麼一來孩子們便可以輕易地取出並倒入杯中，加滿水就是一杯果汁了。

❸ 糖與100ml水放至小平底鍋中，慢火加熱至糖融化，以木湯匙攪拌，沸騰後繼續滾煮3分鐘，直到變成糖漿，待涼。

❹ 把果汁與糖漿倒入水瓶中混合，每次飲用時，倒入約50ml的水果糖漿玻璃杯，佐以冰塊與氣泡礦泉水即可飲用。

材料（一杯半濃縮）

材料	份量
黑莓或藍莓	350克
細黃砂糖	130克
冰塊	適量
氣泡礦泉水，稀釋備用	適量

❶ 仔細檢查黑莓、藍莓，去除水果的硬柄或葉，然後徹底清洗並晾乾。

❷ 把黑莓、藍莓放入果菜機打汁。

草莓蘋果冰沙

甜而多汁的草莓可做成芬芳甜美的果汁，尤其是夏季生長於戶外的草莓更顯香甜。草莓果汁呈現現完美的濃稠度，添加蘋果汁和少許香草，混合成一道又富含水果的饗宴，是孩子們在花園裡的懶散夏日午後，最渴望的一杯果汁。

❶ 選出幾顆最漂亮的草莓，留做裝飾，其餘草莓去蒂，蘋果略切塊。

❷ 將水果放入果菜機打汁，再倒入香草糖漿攪拌。

❸ 2個高玻璃杯倒入半滿的冰，放入吸管或攪拌棒後再倒入果汁。以預留的草莓裝飾（也可切片），即可暢飲。

材料（兩個長玻璃杯份）

成熟草莓	300克
口感脆的小蘋果	2顆
香草糖漿	2茶匙
碎冰	適量

廚師的秘訣

你可以在超級市場及食品專賣店買到整罐的香草糖漿，或者也可以加幾滴香草精及一點糖替代。

漂浮檸檬

市售的碳酸合成飲料,都宣稱是以現榨檸檬做成道地口味的檸檬水。其實你也可以在家自製漂浮檸檬,它含有一大杓冰淇淋和蘇打水,絕對提神解你渴。這種檸檬水可於冰箱保存長達兩星期,所以不妨多做一些。

材料(四大杯份)

檸檬(另備切些薄檸檬片)	6顆
白砂糖	200克
香草冰淇淋	8杓匙
蘇打水	適量

❶ 小心磨下檸檬皮,然後以榨汁機或手擠出檸檬汁。

❷ 把檸檬皮與糖放入碗中,再倒入600ml滾水,攪拌至糖融化待涼。

❸ 把檸檬汁倒入攪拌後,再倒入水瓶中冷藏數小時。

❹ 每個玻璃杯舀入一杓香草冰淇淋,然後倒入半滿的檸檬水,並加入大量檸檬片裝飾,再以蘇打水加滿,最後各加一杓冰淇淋,附上長柄湯匙,即可享用。

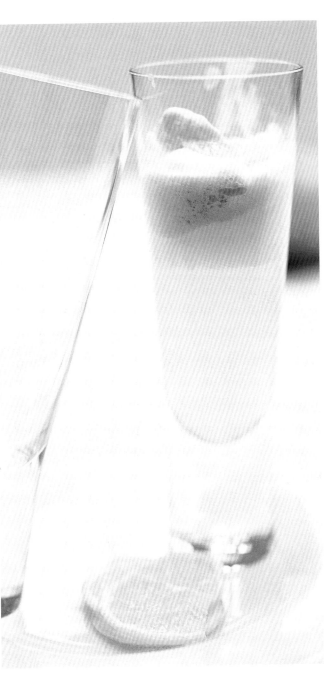

稚愛

這種甜美帶著碎冰的水果饗宴，無論是哪種年紀的孩子們都會非常喜愛。先做好水果糖漿以攪打成冰沙。如果你忘了從冰箱取出，不小心讓糖漿凍得太硬，就要讓它在室溫融化一下，或拿到微波爐裡加熱幾秒鐘就可以了。

材料（兩至三杯份）

柳橙	2顆
藍莓	250克
白砂糖	50克

❶ 小心的把大部分柳橙的皮去除，然後把每顆柳橙切成8~10塊同大小的扇形塊。

❷ 預留一些藍莓做裝飾，剩餘的藍莓與橙塊輪流放入果菜機中打汁與柳橙塊輪留放入。

❸ 加入糖和300ml冷水到果汁中，攪拌至糖融化，再倒入一個淺而非金屬的冷凍容器中冷凍1~
2小時，直到果汁大致結凍。

❹ 以叉子把結凍變硬之處弄碎，再倒入果汁機或食物調理機中，攪打至滑順，呈冰沙狀。用湯匙把飲料舀到玻璃杯中待用，最後再綴上藍莓或其他水果即可。

彩虹果汁

一層層色澤明亮的純果汁，對孩子們特別有吸引力。草莓、奇異果和鳳梨形成層次分明對比色，但你也可以用其他任何可攪打出濃稠果汁的水果，創造出自己的彩虹。將每種果汁疊起來前，先測試一下甜度，若有必要，可加入一點糖增加甜味。

材料（三杯份）

奇異果	4顆
小鳳梨	半顆
草莓	130克

❶ 削去奇異果皮；鳳梨一樣削皮並去心，果肉大略切塊。

❷ 把鳳梨放入果汁機或食物調理機中，再加入30ml的水攪打至果泥，必要時以塑膠刮刀將果泥從容器內壁刮下，倒入小碗中。

❸ 把奇異果放入果汁機中，

攪打至滑順，再倒入另一個碗中。再將草莓攪打至滑順。

❹ 把草莓果泥等量倒入3只玻璃杯中，接著再放入奇異果與鳳梨果泥形成3種不同顏色的層次，最後附上湯匙或粗吸管即可飲用。

覆盆子香蕉桃子冰沙

孩子們喜歡這種天然水果飲品，這種濃郁微酸的果汁冰沙，只要幾分鐘內就可完成，不但是點心的良好替代品、出色好吃的早餐，更是爽口的點心。

❶ 桃子切半、去核後大略切塊，香蕉剝成數段，將二者放入果汁機或食物調理機攪打至滑順，必要時將果泥從機器容器的內壁上刮下來。

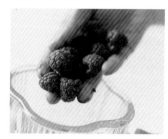

❷ 最後加入覆盆子攪打至滑順，倒入玻璃杯中。若要稀釋，可加入礦泉水，或加入冰用用塊並用備用的覆盆子裝飾，以吸管或湯匙來享用。

材料（兩小杯份）

成熟的桃子	1大顆
香蕉	1小條
新鮮或冷凍的覆盆子，可多準備作為裝飾	130克
一般或氣泡礦泉水	適量
冰塊	適量

廚師的秘訣

如果孩子們不喜歡覆盆子的籽，可先攪打覆盆子，再將果泥以細孔的篩子過濾去籽。再將果泥加入攪打過的香蕉果泥中。

萬人迷

粗短結實的棒棒冰攪拌棒，為這款果汁增添趣味，特別能夠引起孩子們的興趣，最適合當作孩子們的歡樂派對飲品，或是大熱天裡孩子們放學後的點心。棒棒冰可事先冷凍存放，需要時便可隨時使用。準備飲品時間很短，一點也不麻煩。

材料（兩杯份）

蘋果	1顆
蘋果汁	300ml
奇異果	2顆
覆盆子	90克
白砂糖	2茶匙
紅葡萄	150克
黑醋栗或黑莓	150克
香蕉	1大條

❶ 蘋果削皮去心、大略切塊，與100ml蘋果汁一起放入食物調理機或果汁機中，攪打成滑順的果泥糊，再把它倒入製冰盒⅓區塊內。

❷ 奇異果削皮，大略切塊，與100ml蘋果汁攪打至滑順，再把它倒入製冰盒的另外⅓區塊內。

❸ 覆盆子與糖和剩餘的果汁一起攪打，然後以湯匙把它們舀到製冰盒的最後⅓區塊內，把製冰盒冷凍約30分鐘，然後把冰棒的細木棒插到每個格子內，冷凍到變硬。

❹ 把葡萄、黑醋栗或黑莓和香蕉放入果汁機或食物調理機中，攪打至滑順。視個人喜好，可選擇是否以粗孔篩子去除籽和皮。

❺ 把幾支水果棒棒冰從製冰盒拿出，放在個別的盤子上，每個小孩自己一盤，把果汁倒入2個玻璃杯內，與棒棒冰一起放在碟子上。即可享用。棒棒冰很快就開始融化囉！不要忘記給孩子們準備紙巾！

熱帶水果奶昔

這款飲品甜美富含水果，充滿了維生素 c，是讓孩子們享受健康的上選之作。如果你使用的水果已經熟透了，應該不需要再加糖，但在上桌前還是要先嘗嘗味道是否夠甜。芒果在攪打後會產生濃稠果泥，所以要以一些礦泉水來稀釋——或你也可嘗試使用高品質的檸檬水來取代。

材料（兩杯份）

小鳳梨	半顆
無子白葡萄	1小把
芒果	1個
礦泉水或檸檬水	適量

❷ 徹底攪打到滑順，必要時將果泥從容器的內壁刮下。把成品倒入玻璃杯，可以礦泉水或檸檬水稀釋，即可飲用。

廚師的秘訣

你可能會想將過濾果泥，以應付一些吹毛求疵的挑嘴的孩子。只要把它用細孔篩子篩過，以湯匙背面擠壓篩子上的果肉，儘可能擠出果汁。其他步驟可照著食譜進行。如果孩子們喜歡礦泉水或檸檬水，也可加一些。若要做個新奇的裝飾，可先把水果塊串在吸管上，再放在果汁上一起端出。

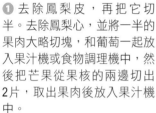

❶ 去除鳳梨皮，再把它切半。去除鳳梨心，並將一半的果肉大略切塊，和葡萄一起放入果汁機或食物調理機中，然後把芒果從果核的兩邊切出2片，取出果肉後放入果汁機中。

覆盆子漣漪

這種充滿水果的豆奶果汁裡，覆盆子和草莓形成的彩色漣漪，立即成為孩子們的目光焦點。在這種飲料中，美味的豆奶是牛奶之外的另一種健康選擇，所以值得一試。在這裡，豆奶與芒果混合後產生滑順濃稠的質地，與氣味強烈的覆盆子形成對比。為了達到最佳口感，請使用成熟香甜的芒果。

材料（兩杯份）

新鮮或冷凍的覆盆子， （另備用少許）	90克
純蜂蜜	1~2湯匙
芒果	1顆
豆奶	100ml

❶ 把覆盆子放到果汁機或食物調理機攪打，直到滑順，再加入15ml水，以及1~2茶匙的蜂蜜，使它多些香甜，再將這些果泥另置一個小碗，並洗濯果汁機的容器。

❷ 切下芒果核兩端的果肉，並以湯匙挖出2片果肉以及果核附近的果肉，放入乾淨的果汁機或容器中，攪打至滑順。加入豆奶和2~4茶匙蜂蜜增加甜度。

廚師的秘訣

如果孩子們能夠享受像這樣自然鮮甜的飲料，對他們的健康會很有幫助。你可以嘗試在烤肉或家庭正餐之後，提供這種提神的豆奶昔，同樣美味可以用來取代名稱相同的覆盆子漣漪冰淇淋。

❸ 倒入一層約2.5公分厚的芒果泥糊到2只玻璃杯中，以湯匙在上面舀入一半的覆盆子泥糊，再加入剩餘的芒果泥糊，最後加入剩餘的覆盆子泥糊。以一支茶匙，輕輕地將這兩種果泥旋攪在一起。以備用的覆盆子做裝飾，即可飲用。

糖果條紋

這種讓人無法自拔的飲料，結合了新鮮攪打的草莓與棉花糖口味的濃稠牛奶，無論大人、小孩都難以抵抗，所以舒適地的坐下來，讓自己沉醉在其中吧。

材料（四大杯份）

白色和粉紅色棉花糖	150克
全脂牛奶	500ml
紅醋栗果凍	4湯匙
草莓	450克
濃味鮮奶油	60ml

另備草莓和棉花糖，作為裝飾用

❶ 把棉花糖和一半的牛奶放入一個厚重的平底鍋，慢火加熱，持續攪拌至棉花糖融化，待涼。

❷ 把紅醋栗果凍放在平底鍋加熱至融化，再把草莓放入果汁機或食物調理機攪打到滑順。需要時以塑膠刮刀將果泥從容器內壁上刮下。

❸ 把2茶匙的草莓果泥倒入融化的棉花糖內攪拌成草莓糖漿，置於一旁。把剩餘的果泥倒入水瓶中，再加入棉花糖牛奶、奶油和剩餘的牛奶。把奶昔和4個大玻璃杯冷藏約1小時。

❹ 要飲用時，以一支茶匙讓草莓糖漿在杯子內緣呈線條狀的潺潺滴流而下——當杯子盛滿後，就會形成糖果斑紋的效果。把玻璃杯倒滿奶昔，上面再裝滿額外的棉花糖和草莓，並淋上剩餘的糖漿即可飲用。

廚師的秘訣

如果你能說服孩子們，讓他們充滿期待的略等一會兒，冷藏數小時的糖果條紋，將會有更棒的風味。

薄荷糖清涼脆飲

聖誕節左右，如果看到應景的硬糖果棒或薄荷枴杖糖時，不妨買幾枝來製作這種簡單、又有趣味的飲料給孩子們喝吧。你所需要做的只是快速攪打幾下後放入冷凍庫，直到呈冰沙狀就算完成，可與迫不及待的孩子們一同嚐鮮。這種奶昔也可算是種點心，可在正餐後讓孩子飲用。

材料（四杯份）

粉紅薄荷枴杖糖	90克
全脂或低脂牛奶	750ml
粉紅色食用色素	適量
粉紅枴杖糖	數枝

廚師的秘訣

如果你買不到粉紅色枴杖糖來作為這種飲料的新奇攪拌棒，可以買薄荷棒棒糖來取代。

❶ 當糖果棒還在包裝紙內時，即以桿麵棍把它打成碎塊（如果它沒有包裝，把糖果放在塑膠袋裡敲碎），放入果汁機或食物調理機中。

❷ 把牛奶加入碎糖中，如果想添加食用色素，使顏色繽紛也加入幾滴，攪打至糖塊變成細碎。

❸ 把混合物倒入冷凍容器中，冷凍約2小時或直到邊緣呈冰沙狀，把半冷凍處以叉子打碎，並攪拌至中央。

❹ 隨即再放入冷凍，重覆冰凍步驟1~2次，直到混合物呈冰沙狀。倒入玻璃杯中，加上枴杖糖充當攪拌棒飲用。

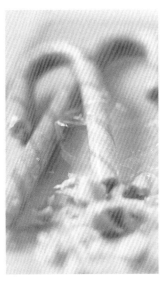

卡士達飄浮飲料

這款飲品是種風味絕佳的點心，能為正餐畫下完美的句點。當然你也可以給孩子們當成早午之間或下午茶時間的特別點心。

材料（三杯份）

卡士達醬餅乾	75克
香蕉	1大條
香草精（萃取物）	1茶匙
全脂牛奶	200ml
香草冰淇淋	6杓匙
香蕉片與餅乾碎屑	適量
無糖巧克力或可可粉	適量

廚師的秘訣

若希望香蕉味更濃郁，可使用香蕉冰淇淋。

❶ 把卡士達醬餅乾放入果汁機或食物調理機，充分攪打直到呈細碎狀。香蕉剝塊加到攪碎的餅乾中，徹底攪打，直到形成滑順濃糊狀時，以塑膠刮刀將餅乾與香蕉糊從機器容器內壁刮下來。

❷ 加入香草精、牛奶和3杓匙冰淇淋，再攪打一次直到呈滑順泡沫狀。把成品倒入玻璃杯中，頂端加上剩餘的冰淇淋，以香蕉片和餅乾碎屑裝飾，再灑一些巧克力醬或可可粉，即可飲用。

巧克力堅果漩渦

世界各地的孩子們都會被這款超美味的巧克力混合飲料所俘虜。它混合了融化的牛奶巧克力、巧克力堅果醬和奶油般的牛奶，當所有的元素結合在一起，就成為既誘人又美味的飲料。喜歡巧克力的成人也會情不自禁的愛上它。

材料（兩個長玻璃杯份）

巧克力榛果醬	40克
全脂巧克力	400ml
牛奶巧克力	90克
特濃鮮奶油	30ml
碎冰	適量
巧克力棒	2條

廚師的秘訣

這種飲料可提供極致的滿足感，適合於各種場合飲用。但你若覺得用巧克力棒作為孩子的攪拌棒，會使孩子食用過多巧克力，也可用五彩繽紛的吸管或塑膠攪拌匙替代。

❶ 將巧克力醬與10ml牛奶放入一個小碗中，攪拌到平順光滑。

❷ 切剁巧克力，將100ml牛奶倒入平底鍋，並加入巧克力，慢火加熱攪拌直到巧克力融化。把它從火爐上拿下倒入瓶內放置10分鐘待涼，然後把剩餘牛奶倒入攪拌。

❸ 以茶匙，把巧克力榛果醬點綴在兩個長玻璃杯的內緣，旋轉它們好讓每個玻璃杯都有不規則斑紋。如要使用奶油，也如法炮製。

❹ 每個玻璃杯中倒入一點碎冰，再倒入巧克力牛奶。以巧克力棒作為攪拌棒，方便將榛果醬攪拌至巧克力牛奶中。

果汁與冰沙

有什麼比在炎熱午後，
能放鬆的在花園裡享受冰涼提神的綜合飲品更好呢？
我們提供各式口味絕佳的組合食譜，
無論是零脂肪的冰沙，
例如小紅莓，肉桂和薑，
或奢華綿密，
以巧克力、冰淇淋和榛果作為主題的奶類飲品，
都可以在這裡找到。

冰酷醋栗

富含維生素C和E以及鐵、鈣和鎂的細小光滑黑醋栗是超級營養的食物。它們加入碎冰攪打後，就能做成既可口又濃稠的冰沙。不妨用長湯匙盡情享用，這樣就可以把杯內最後幾滴舀來喝。

材料（兩個長玻璃杯份）

材料	份量
黑醋栗（另備少許裝飾用）	125克
淡味紅砂糖	4湯匙
混合香料	適量
碎冰	225克

❶ 把黑醋栗和糖放入平底鍋中（無需事先攪拌黑醋栗），如果要使用混合料，可於此時加入，然後倒入100ml水，煮滾後繼續煮約2~3分鐘，直到黑醋栗完全變軟。

❷ 將黑醋栗果泥以篩子過濾，用木湯匙背面將果肉壓擠，儘可能壓出果汁。放於一旁待涼。

❸ 將碎冰和果汁放入果汁機中攪打約1分鐘，直到變成冰沙狀。把成品倒入玻璃杯，以黑醋栗做裝飾，即可飲用。

廚師的秘訣

假使你的冷凍庫中有很多黑醋栗，你可以多做些果汁。你可以只用紅醋栗，或紅醋栗和黑醋栗混合著用。

冷藏約可以保存1星期。每當你想喝時，只要把它拿來與碎冰一起攪打，很快就能喝了。

小紅莓肉桂薑汁汽水

半冷凍的果汁會有冰沙的質感,非常提神,小紅莓和蘋果汁的組合,微酸而清新,有種不甜不膩的清爽風味。

材料(四杯份)

小紅莓汁	600ml
純蘋果汁	150ml
肉桂棒	4枝
冷藏的薑汁汽水	約400ml
新鮮或冷凍小紅莓,裝飾用	適量

❶ 把小紅莓汁倒入淺盤冷凍容器冷凍2小時,或直到邊緣形成一層厚的冰結晶。

❷ 用叉子將冰壓碎弄破,然後再將它放回冷凍室約2~3小時,直到幾乎變固體。

❸ 將蘋果汁倒入小平底鍋中,加入2根肉桂棒,煮到近乎沸騰隨即熄火。把它倒入水瓶中放涼,然後取出肉桂棒,與其他的一起放一旁,再把果汁冷藏,直到完全冷卻。

❹ 把這小紅莓冰以湯匙舀入果汁機或食物調理機,加入蘋果汁,攪打至呈冰沙狀。再把成品裝入雞尾酒杯,上面倒滿薑汁汽水,以新鮮或冷凍小紅莓做裝飾,再丟入一條長肉桂棒作為攪拌棒。

廚師的秘訣

另一種裝飾方式供你參考,小紅莓串在雞尾酒棒(竹籤)上,以取代肉桂棒。

純粹草莓雪泥

草莓季來臨時，純粹草莓雪泥是你不二的選擇。要製作這款讓人心情愉悅的飲料，請選用完全成熟的豔紅色小草莓。你可把整顆草莓結凍，就成了芳香美味的冰塊，讓你的飲料更清涼。

材料（兩個長玻璃杯份）

小草莓	275克
檸檬汁	15ml
香草糖	1茶匙
冰淇淋蘇打水	適量

廚師的秘訣

如果在超級市場裡買不到香草糖，不妨自己製作吧。在一個罐子裡裝滿白砂糖，再將一整個香草豆莢塞進中央。密封放置2~3星期，每當糖被用掉，只要添滿即可。

❶ 草莓去蒂，把約130克較小顆的草莓冷凍約1小時或冰至變硬，把剩餘的草莓、檸檬汁和糖放入果汁機或食物調理機攪打至滑順，必要時把果泥從機器容器內壁刮下來。

❷ 把冷凍草莓分成2份，倒入2個高玻璃杯中，再倒入草莓果泥糊，上端加滿冰淇淋蘇打水，即可享用。附上長柄湯匙，如此，你的客人們才可把甜美的冷凍草莓挖上來趁新鮮食用。

蘋果提神飲

這種充滿活力的綜合飲品是以新鮮的蘋果製成，不但解渴，且令人神清氣爽。甜蜜成熟的蘋果被打成汁並冷凍至呈冰沙狀。蘋果雪泥搭配蘋果果肉一起食用，上端以礦泉水加滿，真是再簡單不過的飲品了。

材料（三杯份）

紅色食用蘋果	6大顆
檸檬汁	10ml
蜂蜜	適量
蘇打礦泉水	適量

廚師的秘訣

綠色和紅色蘋果汁的風味截然不同，本食譜較適用紅蘋果，因為顏色較漂亮，味道雖淡卻很芬芳。脆綠的蘋果氣味香甜，味道濃郁許多。

❶ 一顆蘋果備用，其餘的去心各切成4等份，把果肉切成小塊打汁，加入檸檬汁攪拌。
❷ 試試甜度，如果要用蜂蜜，可加入少許。（切記，冷凍後味道會變得較不甜）。再把蘋果汁倒入淺盤冷凍容器，冷凍直到邊緣凝結成冰沙狀。

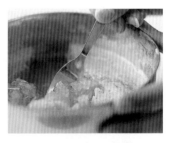

❸ 以叉子將冷凍蘋果汁打碎，把碎冰攪和到容器的中央，再冷凍1小時或四邊都凝結冰沙。取出再以叉子打碎。
❹ 把備用蘋果切4等份並去心切成薄片，以湯匙將冷凍冰沙舀入3個玻璃杯至⅔滿，在杯子邊緣塞入蘋果片，注滿蘇打水即可飲用。

水果霜雪

即使夏季已結束一段時間，你仍然可利用冷凍室裡的夏日水果，製作這款提神的水果的飲品，再次召喚屬於夏季的愉快味道。這款賞心悅目的冰沙，可讓你在疲倦的早晨活力充沛。出門工作前，就用水果霜雪補足精神，給身體一個最棒的精神動力吧。

❶ 把冷凍水果直接放入果汁機或食物調理機，完全攪至細緻，必要時以塑膠刮刀將果泥自內壁刮下。

❷ 將優格和奶油加入打碎的水果中，舀入2湯匙的糖再度攪打，直到混合物滑順濃稠，試試味道，依個人口味加糖。以水果裝飾後即可飲用。

材料（兩至三杯份）

冷凍夏日水果（少許備用作為裝飾）	250克
原味優格	200克
濃味鮮奶油	45ml
白砂糖	2~3湯匙

廚師的秘訣

這款飲料只需幾分鐘時間就能完成，你可以使用任何水果，無論是自己種植的莓果，或是袋裝的冷凍水果都可以。

冰芒果酸奶昔

這是道以傳統印度飲料為基礎的飲品，無論任何場合與時間飲用都很完美：晚餐時，可與料理一起上桌；冗長炎熱的花園宴會或一天中的任何時刻，都是最棒的迎賓冷飲。這道飲品的基底優格冰，是非常有用的食譜，因為它比傳統冰淇淋更清淡健康。

材料（三至四杯份）

白砂糖	175克
水	150ml
檸檬	2顆
希臘優格	500ml
芒果汁	350ml
冰塊	適量
新鮮薄荷嫩枝和扇形芒果塊，用以裝飾	適量

❶ 把糖和水放入燉鍋中慢火加熱，偶爾攪拌直到糖融化。把糖漿放入水瓶中待涼，再冷藏到冰涼。

❺ 於每杯飲料頂端再加上一杓匙優格冰，以薄荷嫩枝與扇形芒果塊裝飾，即可飲用。

❷ 磨下檸檬的皮，然後擠出檸檬汁，把檸檬皮和汁加入冰涼的糖漿中。充份攪拌。

❸ 把混合糖漿倒入淺盤冷凍容器，冷凍至變濃稠將優格倒入攪拌，再放回冷凍庫，直到優格冰得夠濃稠並可挖取起來。

❹ 冰芒果奶昔的製作程序是：將芒果汁與約10小杓匙的優格冰放入果汁機或食物調理機，攪打至滑順。在每個玻璃杯裡倒入等量的優格冰，如果要使用冰塊，可於此時加入。

冰與火之歌

這種顛覆傳統的冷凍優格飲品，融合了新鮮柳橙汁和辣紅番椒的味道，就讓它來酥麻你的味蕾吧！炎熱的夏日午餐之後或任何時候，都可以隨時來一杯提神醒腦。如果你有足夠的休息時間，飲用前滴一些柳橙酒到杯子裡，讓酒精high一夏也無妨。

材料（兩至三個長玻璃杯份）

白砂糖	90克
檸檬	1顆
現榨柳橙汁	300ml
希臘優格	200克
紅辣椒切碎	1顆
康圖酒或柳橙口味的利口酒	60ml
柳橙片與備用紅番椒，裝飾用	

❶ 把糖與100ml的水放入平底鍋，慢火加熱，以湯匙攪拌，直到糖融化，把它倒入冷凍容器內放冷，然後細細的磨下檸檬皮，再擠汁。

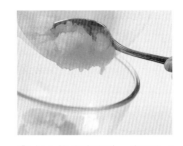

❷ 加入檸檬皮和汁，與100ml柳橙汁冷凍2小時，直到邊緣結冰。改放到碗裡，加入優格和切碎的紅番椒攪拌至濃稠，冷凍1~2小時直到幾乎呈固體狀。

❸ 把冷凍優格放到果汁機或食物調理機，再加入剩餘的柳橙汁，攪打至非常濃稠滑順。把它倒入高玻璃杯，若要使用酒，可於此時加入。以柳橙片和新鮮紅番椒裝飾，加上吸管即可飲用。

廚師的秘訣

如果忘記適時將紅番椒優格從冷凍庫取出，而讓它變得太硬時，只要將它放在室溫片刻，或以微波爐稍做加熱即可。

鳳梨優格冰沙

市售的冰涼美味優格冰沙有香草、柳橙和檸檬等多種口味，都很適合作為夏日飲料，它們是比傳統冰淇淋更清淡的另一種選擇。這款飲料使用了甜而多汁的鳳梨和新鮮濃烈、香氣突出的羅勒，為這道提神的冰涼飲料，增添一些動人的色澤與異國風味。

❶ 把羅勒葉從莖上摘下，撕成碎片；鳳梨削皮切半並去心，鳳梨肉切大塊。將鳳梨和羅勒放入果菜機裡打汁，再冷藏至需要飲用時。

❷ 飲用時將果汁倒入高玻璃杯裡，每杯加入2杓優格冰，以羅勒嫩枝裝飾，輕輕灑上糖霜。

材料（兩杯份）

新鮮羅勒（另備一些裝飾）	25克
鳳梨	1顆
香草、檸檬或柳橙口味優格冰	4大杓匙
糖霜	適量

廚師的秘訣

如果你花園裡種了很多薄荷，新鮮的薄荷也是另一種提神的選；或是你也可嘗試其他軟葉的香草植物，例如：香蜂草。

白巧克力榛果奶昔

這道奢華的組合含有滑順奶香十足的白巧克力與響脆的榛果,令人完全無法抗拒。如果想讓榛果味更豐富,不妨使用整顆堅果烘焙,讓堅果味充分散發,然後再自行碾碎,取代市售切剁好或磨碎的堅果粒。

材料(三杯份)

榛果(已剝皮)	90克
白巧克力	150克
全脂牛奶	300ml
白巧克力或香草冰淇淋	4大杓
現磨肉荳蔻	少許

❶ 輕輕切剁榛果後放入乾燥炒鍋,不斷翻轉以確認受熱均勻。保留30ml(約2湯匙)做裝飾,然後把剩餘的放入果汁機或食物調理機,攪打十分細碎。

❷ 巧克力細細切剁,保留2湯匙做為裝飾,其餘與一半的牛奶放入一只小而鑄鐵平底鍋,以慢火加熱至巧克力徹底融化。攪拌至滑順,然後把巧克力倒入碗中,加入剩餘的牛奶,攪拌放涼。

❸ 把融化的巧克力混合物與冰淇淋和少許磨碎的肉荳蔻視個人喜好一起放入果汁機。攪打至滑順,再把成品倒入玻璃杯,灑上預留的榛果和巧克力。也可磨入額外的肉荳蔻增添風味,即可上桌。

冰涼椰子

清涼又不含乳製品的冰涼椰奶,口感像絲般滑順。本食譜以乾燥椰子果肉替代椰奶,把它浸在水裡後濾乾,以擷取其風味。不似堅果般的顆粒質地,這種椰子盛宴的美味滑順口感,讓你在不知不覺中渡過盛夏的黃昏。無論是否為週末,只要你想輕鬆一下,就可以加上一點麻里布酒,或椰子風味的酒。

材料(兩至三杯份)

乾燥椰子(未加剝碎)	150克
糖霜(另備一點用來點綴飲品)	2湯匙
檸檬汁	2湯匙
非乳製品香草冰淇淋	200克
裝飾用萊姆片	適量

廚師的秘訣

市售有已加糖的乾燥椰子,如果你使用的是這種有甜味的,就需省略與萊姆汁加在一起的糖。

❶ 將乾燥椰子放在一個隔熱碗裡,放置30分鐘。將椰子用柔軟細緻的棉布過濾,倒入碗中,以湯匙壓果肉,儘可能留下汁液、丟棄果肉,並冷藏椰奶。

❷ 把椰奶與萊姆汁、糖和非乳製品冰淇淋一起倒入果汁機或食物調理機中,徹底攪打後倒入玻璃杯,以萊姆片做裝飾,並在萊姆片上與玻璃杯邊緣灑上糖霜,即可飲用。

蘭姆葡萄酒香奶昔

這款豐厚綿密的奶昔，採用傳統的蘭姆酒和葡萄乾組合，非常容易準備。請使用品質良好的冰淇淋，挖取前可放置冷藏室略微軟化，如此就萬無一失了。如果葡萄乾過乾，攪打前可在蘭姆酒中浸泡幾分鐘，讓它們軟化膨脹。

❶ 將葡萄乾、蘭姆酒和一點牛奶，放入果汁機或食物調理機中，攪打約1分鐘至葡萄乾攪碎細緻。

❷ 挖取2大杓的香草冰淇淋到2個高玻璃杯中，並把剩餘的冰淇淋和牛奶放入果汁機中，攪打至呈奶狀。

❸ 將奶昔倒入高玻璃杯中，隨附吸管和長湯匙，即可飲用。

材料（兩個長玻璃杯份）

葡萄乾	75克
黑蘭姆酒	3湯匙
全脂牛奶	300ml
香草冰淇淋	500ml

廚師的秘訣

你可以用巧克力冰淇淋取代香草冰淇淋，它和蘭姆酒與葡萄乾搭配，也有說不出的好滋味。

濃縮咖啡飲料

這款充滿層次及現代感的冰咖啡飲品，結合了綿綿冷凍義大利式咖啡冰沙與一層濃稠的香草冰淇淋，是懶散夏日午餐的完美句點，更可以是午後提神飲品。義大利式咖啡冰沙需要放在冷凍庫數小時，做好後可存放幾個星期，只要你想喝，就可隨時取用。

材料（四杯份）

濃縮咖啡	75ml
白砂糖	75克
香草冰淇淋	300克
牛奶或豆奶	75ml

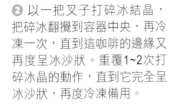

❷ 以一把叉子打碎冰結晶，把碎冰翻攪到容器中央，再冷凍一次，直到這咖啡的邊緣又再度呈冰沙狀。重覆1~2次打碎冰晶的動作，直到它完全呈冰沙狀，再度冷凍備用。

廚師的秘訣

一旦把軟化的冰淇淋疊在玻璃杯上，它很快會融化，所以你可採用一個妙計：先冷藏玻璃杯再使用。

❸ 冰淇淋或非乳製品冰淇淋和牛奶放入果汁機攪打至濃稠滑順，上桌時以咖啡冰沙和冰淇淋交叉，增添層次感。

❶ 將咖啡放入咖啡壺，加入75ml滾水浸泡5分鐘後再煮。將煮好的咖啡倒入一個淺盤冷凍容器中，把糖放入攪拌直到融化，待完全冷卻後放置冷凍約2小時，或直到咖啡的邊緣開始呈冰沙狀。

誘人的點心飲品

這些令人無法抗拒的飲品，
它們的創意都來自廣受歡迎的點心！
覆盆子脆皮焦糖布丁和藍莓脆甜蛋白糖霜，
各種經典的甜品都誘惑著你。
你可以優閒的啜飲，
也可以拿起湯匙慢慢享用。
假如想來點不一樣的滋味，
辛香十足的大黃牛奶，
或是顛覆傳統的香蕉太妃糖派，
都是值得一試的美味！

泡沫甜桃梅爾巴

夏季是覆盆子和桃子最甜美優質的時節，不妨來點令人愉悅的新鮮水果飲品吧！傳統的冰淇淋蘇打水，為這杯飲品添加滑順的味道與討人喜歡的氣泡，蜂蜜威士忌香甜酒（Drambuie）或白蘭地酒可視個人需要使用。飲用時請附上長柄湯匙，以便食用玻璃杯內的水果。

材料（兩杯份）

覆盆子	300克
成熟的桃子	2大顆
蜂蜜威士忌甜酒 或是白蘭地酒	2湯匙
製作糕點用的糖霜	1湯匙
冰淇淋蘇打水，備用	

❶ 把幾顆覆盆子放到6個小酒杯中，或製冰盒的6小格中，以水淹蓋後放入冷凍室數小時。

❷ 將桃子切半去籽，其中一半切成薄片。留下115克覆盆子，剩餘的與桃子切片分放於2個高腳長玻璃杯中。若要用酒，於此時加入。

❸ 將預留的覆盆子和剩餘的桃子肉放入果菜機中打汁，放入糖霜攪拌，然後把果汁倒在擺放水果的杯子裡。

廚師的秘訣

如果你使用小酒杯製作冰塊，把它們浸到溫水中數秒鐘，覆盆子冰塊即能鬆脫。假使你用的是製冰盒，將他們翻到背面，在水龍頭下以溫水沖上幾秒，就能輕鬆取出冰塊。

❹ 取出含有覆盆子的小冰塊，每個杯子加上3塊冰塊，再倒滿冰淇淋蘇打水，即可飲用。

超級果汁雪綿冰

現打的鳳梨汁配上沁涼、氣味強烈的檸檬冰沙，上面再倒滿充滿泡沫的薑汁汽水，就成了一道令你味蕾亢奮，垂涎三尺的飲品。這種半冷凍的綜合飲品，很適合在夏天午餐後取代傳統的點心。最重要的是當你興致一來，很快就能做好這道清涼消暑的冰品。

材料（四杯份）

材料	份量
黑糖（紅砂糖）	2湯匙
檸檬汁	15ml
鳳梨	半顆
醃漬薑莖（略切塊）	1塊
檸檬果汁雪綿冰（稍微融化）	200ml
鳳梨和檸檬薄片，裝飾用	適量
薑汁汽水	適量

❶ 把糖和檸檬汁放在小碗中混合，放置約5分鐘直到它融成糖漿。

❷ 去鳳梨皮和心，果肉切塊。將鳳梨塊和薑放入果汁機或食物調理機中，攪打至滑順。必要時以塑膠刮刀將果泥從機器容器內壁刮下再攪拌。

❸ 加入果汁雪綿冰，快速攪打直到滑順。舀起黑糖糖漿，放到4個大玻璃杯中，再把鳳梨與薑莖的混合果泥倒入。

❹ 玻璃杯杯緣以鳳梨和檸檬片裝飾，最後再倒滿薑汁汽水，即可享用。

廚師的秘訣

準備鳳梨最簡單的方法就是把它的頭和尾切掉，然後削皮。以銳利的刀尖去除鳳梨粗糙的「眼狀物」再大略切塊。

黑美人

這道提神的飲品，將蘋果和黑莓兩種水果的特性發揮得淋漓盡致。蘋果的甜味與微酸芳香，以及色澤鮮明的成熟莓果，取得美味的平衡。如果買不到新鮮的黑莓，其他深紅色水果，例如桑椹或大楊莓，也可成為令人難以抗拒的替代品。

材料（兩至三長玻璃杯份）	
細黃砂糖	2湯匙
肉桂粉	半茶匙
食用蘋果	3顆
黑莓	200克
冰塊	適量
琉璃苣，裝飾用	適量

廚師的秘訣

如果黑莓是現摘的，飲料的味道嚐起來最棒。然而，如你找不到這麼新鮮的食材，使用其他水果也可以，用冷凍黑莓也是一種選擇。

❶ 把細黃砂糖放入小碗中，加入肉桂粉和60ml滾水攪拌至到糖融化形成糖漿。

❷ 蘋果大略切塊，把黑莓放入果菜機中攪打後，再加入蘋果打汁，倒入糖漿充分拌勻。

❸ 將果汁倒入高玻璃杯中，加入少許冰塊，如果你想用琉璃苣嫩枝或琉璃苣花做裝飾，輕輕點綴後即可享用。

藍莓脆甜蛋白糖霜

想像一下藍莓與糖霜蛋白點心的誘人滋味——新鮮馥郁的水果，脆甜的糖霜蛋白，以及大量帶著香草香氣的奶油，這種飲料結合所有討喜的元素，成為一道可口的奶昔。使用冷凍優格，會產生比冰淇淋更清爽的口感，但如果你希望口味更香濃，就果斷地使用冰淇淋吧！

❶ 把藍莓、糖與60ml的水，放入果汁機或食物調理機中攪打至滑順，必要時以塑膠刮刀把果泥從機器容器內壁刮下。

❷ 將果泥放到小碗後，洗濯果汁機或食物調理機的容器，去除殘餘的藍莓汁。

❸ 將冷凍優格、牛奶和萊姆汁放入果汁機，徹底攪打混合後，加入一半的糖霜蛋白碎塊，再度攪打至滑順。

❹ 小心將步驟3與藍莓糖漿和剩餘的碎糖霜蛋白，一層層的倒入高玻璃杯中，最後加上幾大塊糖霜蛋白。

❺ 把剩餘的藍莓糖漿全都滴在糖霜蛋白上，再將預留的藍莓做裝飾，即可飲用。

材料（三至四長玻璃杯份）

新鮮藍莓（另備一點作為裝飾）	150克
糖霜	1湯匙
香草冷凍優格	1杯
全脂牛奶	200ml
萊姆汁	30ml
糖霜蛋白（略打碎）	75克

廚師的秘訣

要打碎糖霜蛋白，最簡單的方法是將它們裝入塑膠袋中，放在工作檯上，輕輕的以桿麵棍打碎。當它們碎成一口大小的碎塊時即可停止，否則會太過細碎。

覆盆子脆皮焦糖布丁

本食譜是一種源自法國的傳統點心，比其他飲品要耗費更多工夫製作，但這些辛苦的努力是非常值得的。就像好吃的脆皮焦糖布丁一樣，它也是以卡士達醬做基礎，所以需要相當的耐心，留些時間讓它濃稠及冰涼。

材料（四杯份）

全脂奶粉	3.5杯
蛋黃	3大顆
白砂糖	130克
香草精（萃取物）	1茶匙
玉米粉	1湯匙
新鮮或冷凍覆盆子	250克
覆盆子、薄荷或香蜂草	適量

❶ 把300ml牛奶倒入製冰盒的格子中，冷凍1小時。將蛋黃、50克糖、香草精和玉米粉放入碗中攪拌至滑順。將剩餘的牛奶放入平底鍋中煮滾，再倒入蛋黃糊中攪拌至均勻。

❷ 將卡士達醬放回平底鍋，以最小火加熱，攪拌至略為濃稠。一旦冒蒸氣，卡士達醬就會開始變濃稠（小心別過熱，否則卡士達醬會凝結。）

❸ 把卡士達醬倒入水瓶中，表面蓋上防油紙（臘紙），以防上層凝結成一層皮，待冷卻後備用。

❹ 烤盤上放一張烘烤紙；把剩餘的糖與60ml的水放入平底鍋直到糖融化。煮滾後繼續再煮3~5分鐘至糖漿成為金黃焦糖色，把平底鍋的底部浸在冷水中，防止糖漿繼續滾煮。

❺ 以一把點心湯匙，用焦糖在烤盤上「塗鴉」，畫出4個裝飾用的圓圈，放涼成型。

❻ 把覆盆子均分於玻璃杯內並略搗成泥。把卡士達醬與牛奶冰塊，放入果汁機或食物調理機中，攪打至冰塊微碎。將這混合物用杓舀出來放在水果上。把塗鴉焦糖擺在玻璃杯上端，再以覆盆子、薄荷或香蜂草嫩枝裝飾。

草莓奶油果凍

這份醉人的食譜，結合了傳統雞蛋奶油布丁最美味的原料——水果、奶油、堅果和一點利口酒——完美結合後再加上冰淇淋，就完成一道豪華飲品。當這些原料一結合，就要盡快飲用，因為他們會很快的在玻璃杯內混合，如此一來大理石般的漂亮色澤就會消失。

材料（四杯份）

食用蘋果	2顆
草莓	500克
白砂糖	1湯匙
雪莉酒或馬沙拉葡萄酒	60ml
濃味鮮奶油或鮮奶油	150ml
杏仁片（略微烘焙）	4湯匙
香草冰淇淋	4大杓

廚師的秘訣

草莓冰淇淋是香草冰淇淋之外的另一選擇。

❶ 蘋果去心各切4等份，然後將果肉大略切塊。200克草莓去蒂切半備用，將剩餘的草莓和蘋果放入果菜機打汁，再倒入糖和雪莉酒或馬沙拉葡萄酒攪拌，冷藏備用。

❷ 輕輕攪拌奶油，直到它可以成型，再把草莓放入冷藏過的杯子中，先灑上一半的堅果，每杯加上一杓冰淇淋，倒入草莓汁，放上攪打過的鮮奶油，以剩餘的堅果做裝飾，即可飲用。

大黃甘椒奶昔

大黃幼株的細白嫩芽，以糖和香料以文火慢煮，加上奶油來攪打，就能調製出夢幻般的飲品。季節對了，就可趁早製作這道美味的飲品，否則大黃莖柄會變老，纖維會變粗，味道還會變酸，讓你不得不加入一大堆糖掩蓋酸味。上桌時別忘了附上湯匙，方便飲用杯底殘留的美味。

❷ 將大黃和煮過的果汁，放入果汁機或食物調理機中，快速、間斷攪打至滑順，必要時以塑膠刮刀把果泥從機器容器內壁刮下。

❸ 把奶油和牛奶加到大黃泥糊中攪打直到混合，放入水瓶中，冷藏備用。

❹ 如果使用碎冰，在玻璃杯裝入半杯碎冰後倒入果汁，灑上甘椒粉，即可飲用。

廚師的秘訣

若手邊沒有新鮮柳橙可榨汁，可以使用紙盒裝柳橙汁取代，或嘗試使用混合柑橙汁。

材料（四杯份）

生長初期較嫩的大黃	500克
現榨柳橙汁	100ml
白砂糖	75克
甘椒粉（另備少許用以裝飾）	半茶匙
濃味鮮奶油	100ml
全脂牛奶	200ml
碎冰	適量

❶ 修剪大黃、切塊，與柳橙汁、糖和甘椒粉一起放入平底鍋煮到沸騰，蓋上鍋蓋用文火煮約6~8分鐘，直到大黃變軟。把鍋子取下放涼。

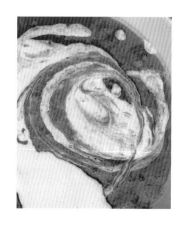

土耳其之光

如果你喜歡沾滿糖霜的橡皮糖，你一定也會喜歡這款香甜的飲料。這種飲料包括芬芳的玫瑰水，和可口冰甜的香草冰淇淋，你很難想到另一種比它更具歡樂氣氛的美味組合了。

材料（三至四杯份）

玫瑰口味橡皮糖（沾糖霜）	125克
低脂牛奶	475ml
香草冰淇淋	1杯
半甜巧克力粉（精細磨碎）或巧克力沖泡粉	適量

廚師的秘訣

如果你希望這種飲品上有更多泡沫，可倒入一個大碗中，以手持電動攪拌器來攪打。

假使這種橡皮糖太黏，用剪刀剪會比用刀子切來得簡單。

❶ 把糖霜橡皮糖大略切塊，保留幾塊作為裝飾用，將剩餘的與一半的牛奶放入平底鍋中，文火加熱，直到糖果切塊開始融化後，把平底鍋從火爐上取下，待涼。

❷ 以湯匙將混合物舀到果汁機或食物調理機中，加入剩餘牛奶，攪打至滑順，再加入冰淇淋略微攪拌均勻。倒入玻璃杯，再以糖霜橡皮糖點綴，視喜好也加入巧克力粉。

堅果奶油杏仁花生糖

如果你想嚐到這杯飲品的最佳風味，就要將這種棒透了的奶昔冷藏數小時，直到它透心涼，也可讓裡面的食材有時間融合成令人愉悅的味道。開心果無需去皮，但去皮會比較好看，可讓堅果的斑點從暗綠色，轉變成漂亮、生動的翠綠色。

材料（三杯份）

材料	份量
加糖的濃縮牛奶	90ml
低脂牛奶	300ml
鮮奶油	100ml
檸檬汁	15ml
去皮開心果	25克
剝皮杏仁	25克
切碎糖漬果皮	25克
冰塊	適量

❷ 加入檸檬汁、開心果、杏仁和碎的果皮，攪打至細碎，再把成品倒在玻璃杯中的冰塊上，加入幾片糖漬果皮，即可享用。

廚師的秘訣

開心果漂亮的翠綠色細粒，如細雨般散布在這種色彩巧妙、質地豐厚的奶昔中。

為將開心果剝皮，需先把它們放在耐熱碗中，泡滿滾開水，放置約2分鐘後再把水倒乾，然後把開心果放在幾層廚房紙巾中，磨擦至皮鬆脫。將落皮拾起，並小心的剝掉剩餘的皮。

❶ 把濃縮牛奶和低脂牛奶放入果汁機或食物調理機中，加入鮮奶油，攪打混合。

瘋狂香蕉太妃糖

多做些這種令人驚奇且回味無窮的奶昔吧，因為每個人都會愛上它！沒有人會假裝它是健康的飲品，但它保證會大大提升你的精力。把剩餘的糖漿留在冰箱裡，就成為可快速食用的美味太妃醬，隨時都可以拿來澆在冰淇淋上。

❶ 製作太妃糖漿：將糖和75ml水放入小鑄鐵的平底鍋中，文火加熱，攪拌至糖融化，然後加入45ml奶油，沸騰後再慢煮約4分鐘，直到變濃稠。把它從火爐上移開，放置約30分鐘，待涼。

❷ 香蕉剝皮折成幾段，與牛奶、香草糖、冰塊和另外45ml的奶油，放入果汁機或食物調理機中，攪打至滑順起泡。

❸ 把剩餘的奶油倒入碗中，以打蛋的攪拌器，或手持之電動攪拌器攪打至成型。

❹ 把一半的太妃糖漿加到奶昔中攪打，然後倒入玻璃杯中，玻璃杯的內緣也以糖漿點綴。舀上打發的奶油，最後再滴入剩餘的糖漿，即可飲用。

材料（四長玻璃杯份）

淡味黑糖（紅砂糖）	75克
濃味鮮奶油	150ml
香蕉	4大條
全脂牛奶	600ml
香草糖	1湯匙
冰塊	8塊

廚師的秘訣

使用果汁機前請閱讀説明，查看馬力是否足夠攪打碎冰。
請事先製作糖漿，讓它有時間變濃稠。

百香果椰子冰沙

很少有東西能比現打的椰奶更有純粹的味道。當它與大量碎冰攪打，再搭配酸卻香氣十足的百香果，即能做成令人沉溺的美味奶昔，但它仍有自然提神的完整味道。

材料（兩至三個長玻璃杯份）

椰子	1顆
糖霜	75ml
百香果	3顆
碎冰	150克
濃味鮮奶油	60ml

廚師的秘訣

這種屬於熱帶的、冰涼、熱情又奢華的飲品，在夏日傍晚來上一杯，真是至高享受。你無需等到假日才有時間享用，因為這種飲品隨時都能快速簡單的做好。製作滿滿的一壺，與朋友或家人分享吧——如果你捨得的話。

❶ 把椰汁倒出來置旁，剖開椰子、挖出椰肉並剝掉棕色外殼。把椰子肉和150ml的水放入果菜機中打汁，把糖霜放入攪拌並備用。

❷ 百香果切半，果肉挖到小碗中，放置一旁。

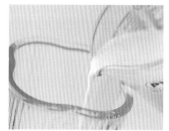

❸ 把碎冰放入果汁機或食物調理機中，攪打至呈冰沙狀，加入椰奶，以及椰汁和奶油，均勻混合這些食材。

❹ 把混合物倒入高腳杯中，然後用茶匙，把百香果加到飲料上。也可附上攪拌棒，立即享用。

最愛巧克力

在這道享樂濃郁的飲品裡，只用了兩種原料：牛奶以及你所能買得到的，品質最佳的巧克力。將它們攪打在一起，就會成為你所喝過泡沫最多、最滑順的也最美味的巧克力飲品。一旦你喝過這款飲品，其他巧克力飲料就再也看不上眼了。

材料（兩大杯份）

高品質巧克力	150克
全脂牛奶	350ml
冰塊	適量
巧克力捲或碎片	適量

廚師的秘訣

依照個人的喜好，你可使用含有70%可可的黑（苦甜）巧克力，或品質良好的牛奶巧克力。如果你喜歡黑巧克力的強烈口感，但也喜歡牛奶巧克力的香滑，不妨各用一半。

❶ 巧克力剝成碎片，放到一個耐熱碗中，再放於平底鍋中，以文火隔水加熱，要確定碗內不會浸到水裡。

❷ 加入60ml的牛奶，放置直到巧克力融化，偶爾以木湯匙攪拌一下。

❸ 取出碗，將剩餘牛奶倒入巧克力中拌匀。

❹ 將巧克力牛奶倒入果汁機或食物調理機中，攪打至起泡，倒入玻璃杯中，加入冰塊和巧克力捲或碎片，即可飲用。

咖啡凍飲

這種綿密又滑順的創作品，僅供成人飲用（因為含有酒精）。它是炎熱的夏日夜晚，點心的絕佳替代品——當然也適合任何你想要自我放縱的時刻。以小杯子或小卡布其諾咖啡杯盛裝，就能讓人垂涎欲滴，飲用時隨附吸管和長柄湯匙，讓你的客人可以把它喝的一滴不剩。

材料（四杯份）

經典咖啡冰淇淋	8球
卡魯哇香甜咖啡酒或堤亞瑪利亞咖啡利口酒	90ml
淡味鮮奶油	150ml
肉桂粉	¼茶匙
碎冰	適量

廚師的秘訣

若不想要飲料內有酒精，只要以濃黑咖啡取代卡魯哇香甜咖啡酒或堤亞瑪利亞咖啡利口酒即可。

❶ 把一半的咖啡冰淇淋放入食物調理機或果汁機，加入利口酒，再倒入奶油。如欲使用肉桂粉，可加入些許一同攪打。把剩餘的冰淇淋平均放入4只玻璃杯或卡布其諾杯內。

❷ 使用點心湯匙，把咖啡奶昔挖到每個杯子內的冰淇淋上，加上少許碎冰，每杯凍飲上面再灑些肉桂粉。請立刻趁鮮飲用。

巧克力漂浮飲料

富含泡沫與大量巧克力的奶昔，加上香甜綿密的巧克力和香草冰淇淋，就是有史以來最美味的飲料，老少咸宜。假如你就是鍾愛巧克力，而且超級喜歡冰淇淋，這杯飲料真是太適合你了，因為它是如此豐富而令人成癮。但請淺嚐就好，要抗拒它的誘惑，別太過沉迷，留待最特殊的場合再喝它吧。

材料（兩個長玻璃杯份）

原味或半糖巧克力（剝成碎片）	115克
牛奶	250ml
白砂糖	1湯匙
傳統香草冰淇淋	4大匙
黑（苦甜）巧克力冰淇淋	4大匙
略打過的奶油	些許
巧克力屑片或螺旋巧克力片，裝飾用	適量

廚師的秘訣

視個人喜歡，可以使用香蕉、椰子或太妃口味冰淇淋取代巧克力和香草冰淇淋。

❶ 將巧克力放入厚重的平底鍋中，加入牛奶和糖，文火加熱，以木湯匙攪拌至巧克力融化混合物滑順，待涼。

❷ 將放涼的巧克力混合物與一半的冰淇淋，放入果汁機中一同攪打。

❸ 把剩餘的兩種冰淇淋輪流放入兩只玻璃杯中——先放香草口味，再放巧克力口味。以一把點心湯匙，把巧克力牛奶滴流到每個玻璃杯的冰淇淋上端與周圍。最後加上些微泡打奶油，再灑巧克力屑或螺旋巧克力片裝飾，即可飲用。

微醺的飲品

無論你是要招待朋友，
或單純想在一天辛勤的工作後放鬆身心，
不妨從中挑一種來試試吧！
保證無論是誰，
都能享受微醺美妙的情緒。
有些飲品加入大量水果，
酒精的含量較低；
某些則是以烈酒為基調做成潘趣酒。
希望每種飲品，
都可以讓你在不同場合派上用場。

冰凍草莓黛綺莉

這種傳統的雞尾酒，是以古巴一個位於巴卡地釀酒廠附近村莊來命名的。最初的製作方法含有蘭姆酒和威士忌酒，慢慢改良後的水果版本，少了強烈的酒精成份，很受現代人歡迎。本食譜成功結合甜美芳香的草莓和白蘭姆酒，以及提神且濃郁的萊姆汁。

材料（四小杯份）

材料	份量
萊姆	4顆
糖霜	60ml
白蘭姆酒	200ml
草莓	275克
碎冰	300克

廚師的秘訣

若要做出雪泥般沁涼的冰凍黛綺莉，最好的材料為冰凍草莓。無需解凍。

香蕉黛綺莉也很棒，只要以兩條香蕉取代草莓即可。

❶ 將萊姆汁倒入果汁機或食物調理機中，加入糖霜、蘭姆酒與草莓，草莓預留兩顆不放，攪打至滑順起泡。

❷ 將碎冰加入果汁機或食物調理機中攪打成冰沙。把混合後的黛綺莉雞尾酒倒入玻璃杯中，每杯再放半顆草莓。

冰凍瑪格麗特

對於講究的雞尾酒行家而言，從一個杯緣沾著鹽的玻璃杯，啜飲添加萊姆片的瑪格麗特雞尾酒，真是最棒的選擇了。柑橙榨汁機可擠出最多的萊姆汁，假使萊姆太硬了榨不出太多汁，你可先把它們放入微波爐，快速的加熱一下。

❶ 如何在玻璃杯口沾上一層鹽？把30ml萊姆汁放在一個碟子裡，另一個碟子則放著大量鹽粒。把杯子上下顛倒，讓每個杯子的杯緣都浸泡萊姆汁，然後再放到鹽中。最後將杯子放正，放在一旁備用。

❷ 把剩餘的萊姆汁、龍舌蘭酒和冰，一起放到果汁機或食物調理機中攪打至冰沙狀。

❸ 將步驟2的瑪格麗特雞尾酒倒入杯口沾鹽的玻璃杯裡，各加一片萊姆，即可飲用。

材料（八小杯份）

萊姆汁（約使用6大顆）	150ml
海鹽粒	適量
康圖酒或白蘭地橙酒	120ml
龍舌蘭酒	200ml
碎冰	150克
萊姆，切薄片備用裝飾	1顆

廚師的秘訣

金色龍舌蘭酒存放於木桶的時間比白色龍舌蘭酒長久，呈淡金色澤。這杯瑪格麗特最好使用清澈透明的龍舌蘭，才能做出可呈現萊姆色澤的新鮮清澈雞尾酒。

覆盆子的約會

粉紅色覆盆子氣味的泡沫與隱約白蘭地的香氣，讓這杯飲料登峰造極。加些甜香的石榴糖漿到寶石色澤的覆盆子汁中，可緩和青澀水果酸澀的氣味。

材料（六個長玻璃杯份）

覆盆子（另備少許以裝飾）	400克
石榴糖漿	100ml
白蘭地或櫻桃白蘭地	100ml
冰塊	適量
薑汁汽水	1公升

廚師的秘訣

石榴糖漿是一種香甜帶著紅寶石色澤的糖漿，它經常被用來提升果汁與雞尾酒的甜度，一般的石榴糖漿不含酒精，但市面上也有含酒精的。

❶ 抓一把覆盆子到果菜機裡打汁，再倒入水瓶中。

❷ 把石榴糖漿和白蘭地或櫻桃白蘭地倒入覆盆子汁內攪拌後冷藏（隔夜最好，或至少1~2小時），備用。

❸ 準備好6個高玻璃杯，杯子內各都放入大量碎冰，再放一些備用覆盆子放在杯底。

❹ 將覆盆子混合物倒入每個準備好的杯子裡，注滿薑汁汽水。即可享用。

激情橙香

橙花水是從柳橙樹的細緻白花裡蒸餾出來的，為這杯混合了美味、甜蜜的梨子與紅醋栗果汁的飲料，帶來一種美味的芬芳，以及微妙得幾乎難以察覺的氣味。就如同玫瑰水一樣，橙花水經常和中東地區的烹調結合，而且與類似肉桂般溫暖味的香辛料相當搭調。

材料（四至五杯份）

梨子	4顆
紅醋栗	300克
肉桂棒	2條
橙花水	45ml
糖霜	約25克
通寧水	適量
肉桂棒和紅醋栗，裝飾用	適量

廚師的秘訣

如果你喜歡，可以加入一點酒精。你可嘗試使用杏仁利口甜酒，例如杏仁酒，因為搶的杏仁與果汁的芳香味道相當搭配。

❶ 將梨子大略切成同等大小，然後把梨子塊與紅醋栗一起放入果菜機中打汁。

❷ 以手指將2條肉桂棒剝碎，加入紅醋栗汁中，蓋上蓋子，至少放置1小時。

❸ 將果汁以篩子過濾，倒入碗中，然後加入橙花水和少許糖霜，再攪拌均勻即可。

❹ 飲料上桌前，若要使用肉桂棒，可在每個杯子放一條，將果汁倒入杯中，然後上面加滿通寧水，並視個人喜好以紅醋栗裝飾。

西瓜琴酒

西瓜鮮紅多汁的果肉與香氣濃烈、直嗆腦門的琴酒組成了完美搭檔。這道果汁是如此甜美可口，活潑閃動的泡沫如此令人驚豔，讓人很難抗拒它的魅力。舉行宴會時，你只需做上一大壺這種果汁，上面加滿通寧水，賓客一上門時，就可輕鬆享用。

❶ 西瓜去皮，果肉切成大塊，去籽。把果肉放入果菜機中打汁，倒入大水瓶中，加入萊姆汁和糖攪拌後，放入冰箱冷藏。

❷ 玻璃杯內裝入半杯碎冰。把琴酒倒入果汁內攪拌，然後倒在杯子裡，加上萊姆片，並注入通寧水，即可飲用。

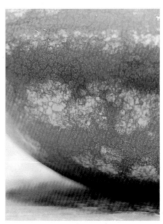

材料（四大杯份）

西瓜（切成扇形）	500克
萊姆的汁	1顆
白砂糖	2湯匙
碎冰	適量
琴酒（杜松子酒）	150ml
萊姆片	適量
通寧水	適量

廚師的秘訣

這種雞尾酒酒精度數不高，然而，如果你喜歡濃烈一點，可在加入碎冰前，多加入75ml琴酒攪拌。

凱西斯法式黑醋栗酒

凱西斯法式黑醋栗酒是種有強烈味道的黑醋栗甜酒，通常被用來為香檳和泡沫酒增添顏色和味道。這道食譜是手工製的變化版本，富含夏季新鮮、多汁的黑醋栗，你一定會想將它當作所有雞尾酒中的基調。

材料（六至八杯份）

黑醋栗	225克
白砂糖	50克
伏特加酒	75ml
泡沫酒或香檳	適量

廚師的秘訣

若要製作酒精度數較低的版本，製作糖漿時可省略伏特加；或在最後注滿時，以氣泡礦泉水代替氣泡酒或香檳。

❶ 用叉子取下成串黑醋栗，把50克水果分放到製冰盒的各個小格子裡，加水後冷凍約2小時。

❷ 把糖和60ml水放到一個厚重的小平底鍋裡，文火加熱到糖融化。沸騰後再從火爐上取下，倒入水瓶中放冷。把剩下的黑醋栗放入果菜機中打汁與糖漿混合，再加入伏特加攪拌，放入冰箱冷藏，備用。

❸ 每個高腳杯內放2~3個黑醋栗冰塊，每個杯子加入1~2湯匙糖漿，上面注入泡沫酒或香檳，即可享用。

香甜馬沙拉

你不只有在節慶時才能喝香甜熱飲,這杯充滿水果的版本,除了明顯的辛香味,並摻有馬沙拉酒外,還是冰涼的,所以很適合作為一年四季任何時候的宴會飲料。使用盛產的李子來製成異國風味飲品,真是美味又實際的方法,保證讓你的賓客印象深刻。

材料(四杯份)

成熟的李子	500克
新鮮的薑根(切片)	15克
完整丁香	1茶匙
淡味黑糖(紅砂糖)	25克
馬沙拉酒	200ml
冰塊	適量

❸ 剩餘的李子放入果菜機裡打汁,再把糖漿、李子汁和馬沙拉酒混合。

❶ 兩顆李子切半去籽,其餘的李子大略切塊。把薑、丁香和糖與300ml水放入一個小平底鍋中,文火加熱至糖融化,煮滾後加入切半的李子。

❷ 爐火轉小,文火慢煮2~3分鐘,直到李子變軟,但形狀仍然完好。用過濾用湯匙取出李子,並將李子和糖漿放涼。

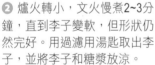

❹ 把冰塊和切半李子放入4個玻璃杯中,倒入糖漿,上桌前可視個人喜歡附上攪拌棒。

廚師的秘訣

如果你要舉行宴會,不妨大量製作這種飲料。你可以把飲料改放到一個附有長柄杓,盛裝潘趣酒的大碗中,如此一來,你的賓客便可自由取用,也能撈出浸過馬沙拉酒的李子。

莓果珍寶

儘管小紅莓和覆盆子盛產的時節不同，但這兩種水果的組合卻很快成為經典。這點也並不構成阻礙你製作本飲品的理由，因為只要選用冷凍的即可，還能省去加冰塊的步驟。本食譜使用覆盆子蜜餞，來取代一般的糖或蜂蜜。

❶ 將覆盆子全放入果菜機打汁，接著再加入覆盆子蜜餞與小紅莓。

❷ 把果汁倒入高玻璃杯，上面加滿蘇打水或氣泡礦泉水，即可暢飲。

材料（兩個長玻璃杯份）

材料	份量
覆盆子	250克
覆盆子蜜餞	3湯匙
小紅莓	250克
蘇打水或氣泡礦泉水	適量

廚師的秘訣

如果要讓飲品看來更漂亮，可以把一些莓果串在木製雞尾酒棒（竹籤）上，橫放在玻璃杯上緣。為了讓棒子能成功的在杯子上取得平衡，你需要使用較窄口的杯子。

冰鎮薄荷酒

傳統的冰鎮薄荷酒甜而冰涼，使用白蘭地或威士忌酒製作，並以新鮮檸檬葉調味。將薄荷加入糖漿中，為飲品染上一抹清涼的綠色。使用白蘭地或桃子白蘭地酒，為這道飲品生色不少，加入冰塊後，就成了提神的絕佳夏日飲酒。

材料（四小杯份）

白砂糖	25克
新鮮薄荷	25克
碎冰	少許
白蘭地或桃子白蘭地酒	100ml

廚師的秘訣

這道誘人的飲品在紐約的任何雞尾酒吧台都點得到。若要把一點紐約氣氛帶入你家，準備一大桶冰鎮薄荷酒，再邀請一大票朋友到你家暢飲。

❶ 把糖與200ml的水一起放入一個厚重的小平底鍋內，文火加熱，直到糖融化。煮沸後再滾煮1分鐘製成糖漿。將糖漿倒入小碗中，把薄荷葉從柄上摘下，加入熱糖漿中。將糖漿放置約30分鐘，或直到冷卻。

❷ 把糖漿倒入果汁機或食物調理機中，加入薄荷，輕輕攪打至薄荷成碎片。

❸ 在4只小玻璃杯中各加入半杯碎冰，每杯放入1~2枝薄荷嫩枝，把白蘭地酒和薄荷糖漿混合，再倒入杯中即可飲用。

檸檬莫希多

古巴和加勒比海群島的人們，發明了一些以萊姆與蘭姆酒為基底的美味雞尾酒，從氣味強烈又提神的小杯純酒，到濃稠、富含奶油，幾乎可成一餐的組合都有。檸檬莫希多屬於小杯純酒，但要小心，你一定會發現它是如此危險，卻又令人難以抗拒。

材料（四杯份）

香蜂草嫩枝	4枝
白砂糖	8茶匙
萊姆	4顆
白色蘭姆酒	130ml
冰塊	適量
條狀萊姆皮	適量
氣泡礦泉水	適量

廚師的秘訣

為了要榨出最多的萊姆汁，可以把它們放入微波爐中，以中度熱度（50%熱能），加熱約20~30秒。

❶ 把香蜂草的葉子從莖上摘下，每個小玻璃杯中放入2茶匙糖。

❷ 把一些香蜂草葉子加到玻璃杯中，以茶匙的背面輕輕磨擦香蜂草葉，好釋出它的芳香。

❸ 以柑橙榨汁機或手擠出萊姆汁，與蘭姆酒一同倒入玻璃杯中。

❹ 每個杯子中加入大量冰塊，並以萊姆皮作為裝飾，再注入氣泡礦泉水，即可飲用。

熱帶水果皇家基爾

本食譜是皇家基爾酒的變化版本。皇家基爾酒是把香檳酒倒在黑醋栗香甜酒上，而這裡我們則採用新鮮水果。這種雞尾酒是以熱帶水果與氣泡酒調和而成，因此比使用香檳的調配法來得便宜，但它仍保有非常優雅的感覺。要記住儘早攪打好水果，好讓芒果冰塊有時間結凍。

材料（六玻璃杯份）

芒果	2大顆
百香果	6顆
氣泡酒	適量

廚師的秘訣

以這美味又解渴的飲品來取悅你的賓客吧！它具有熱帶地區的風味，所以無論在世界的哪個角落，它都很適合用於慵懶的夏日黃昏花園宴會。

❶ 芒果去皮，切下果肉放入果汁機或食物調理機中，攪打至滑順。必要時，以塑膠刮刀把這果泥從機器容器內壁刮下。

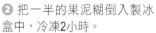

❷ 把一半的果泥糊倒入製冰盒中，冷凍2小時。

❸ 將2顆百香果切成6塊扇形，然後從中挖下果肉，放到剩餘的芒果泥糊中，攪打至均勻混合。

❹ 將混合果泥舀到6個高腳玻璃杯中，再把芒果冰塊分裝到這些杯子中，注入氣泡酒，並加上百香果切塊，依個人喜好附上攪拌棒。

鳳梨椰子蘭姆

這款濃稠的熱帶冰沙狀冷飲，有著令人難以置信的豐富口感，因為它結合了椰子汁和奶油，加上甜而多汁帶點微酸的鳳梨與碎冰，讓這杯飲料喝來消暑提神，不知不覺就喝下好幾杯。

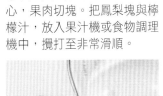

❶ 鳳梨切掉頭尾後削皮去心，果肉切塊。把鳳梨塊與檸檬汁，放入果汁機或食物調理機中，攪打至非常滑順。

❷ 加入椰奶、奶油、蘭姆酒和2湯匙的糖，攪打至完全混合再品嚐味道，若有需要可加糖。把碎冰放入玻璃杯中並倒入飲料，即可飲用。

材料（四至五杯份）

材料	份量
鳳梨	1顆
檸檬汁	30ml
椰奶	200ml
濃味鮮奶油	150ml
白蘭姆酒	200ml
白砂糖	2~4湯匙
很碎的冰	500公克

廚師的秘訣

這是一款可事先製作的飲品。你可以先把飲料攪打好，倒入水瓶中冷藏；另將碎冰準備好存放於冷凍庫，一旦有需要，就可派上用場。

泡沫柑橙蛋蜜酒

對大部分的人而言，蛋蜜酒總是與節慶聯結在一起，然而本版本的食譜，是以柳橙皮和汁帶來活力，營造出較清淡、新鮮的口感，更可廣泛的用於不同場合。無論是將它當成深夜的撫慰飲品，或是作為冬季的點心，還是在潮濕的午後，當作舒適的酒品，它都肯定能為你的雙頰帶來玫瑰色的溫暖紅暈。

材料（兩杯份）

材料	份量
柳橙	2小顆
淡味鮮奶油	150ml
現磨肉荳蔻（另備一些裝飾用）	大量
肉桂粉	半茶匙
玉米粉	半茶匙
蛋，蛋白蛋黃分開	2顆
淡黑糖（紅砂糖）	2湯匙
白蘭地酒	45ml

❶ 柳橙皮細細磨碎，然後擠汁，倒入水瓶中。

❷ 把橙皮與奶油、肉荳蔻、肉桂和玉米粉一起放入厚重的小平底鍋中，以文火慢慢加熱並經常攪拌，直到冒泡。

❸ 以手持打蛋器攪打蛋黃和糖。

❹ 煮好的橙皮奶油糊倒入蛋黃中攪拌，再放回鍋子中，倒入柳橙汁和白蘭地酒，以小火加熱攪拌，直到略轉濃稠。

❺ 把蛋白放在一個乾淨的大碗裡，攪打至起泡且變淡。

❻ 把奶油混合物以篩子過濾，倒入打發的蛋白中，非常溫和的攪拌，再倒入有把手的玻璃杯或馬克杯中。可依個人喜好另外灑上肉荳蔻。

廚師的秘訣

本飲品使用的是生蛋。

杏仁杏桃冰沙

這真是飲料中的夢幻組合，結合了新鮮成熟的杏子、柳橙和美味的糖漿與奶油狀的冰優格。它清淡又富含水果，是有著微風的晴朗日子裡，於花園裡享用的最佳選擇。此外，添加杏仁利口酒和義大利小蛋白杏仁餅，讓本飲品增添了繁複但極佳的口味，一旦嘗試了一杯，保證你還想要更多。

材料（四杯份）

材料	份量
柳橙	3大顆
小而新鮮的杏子	600克
楓糖漿（另外少許備用）	60ml
義大利蛋白杏仁小餅乾	50克
希臘優格	200克
杏仁利口酒	30ml
礦泉水	適量
冰塊	適量

① 取其中1顆柳橙磨皮，並將3顆柳橙全都擠汁。杏桃去核切半放入平底鍋中，加入柳橙汁和皮，後蓋上鍋蓋慢火加熱煮上3分鐘，或煮到杏子變軟。把煮汁經過篩子過濾，倒入容器中，果汁放涼備用。

② 把一半的水果、過濾的果汁、楓糖漿和義大利蛋白杏仁小餅乾，放入食物調理機或果汁機中，攪打至滑順。把剩餘的水果切半放入4個玻璃杯。

③ 攪拌優格直到滑順，並把一半優格舀至水果上面，再加入杏仁酒與一點礦泉水（假使果汁太濃稠需稀釋），再倒入玻璃杯中，每杯再加入剩餘的優格與1~2塊冰塊，滴上楓糖漿即可飲用。

廚師的秘訣

若要使你宴會的賓客印象更深刻，可以巧妙地使用茶匙盛裝優格，置放在飲品上。

完美的宴會飲品

如果你要宴請眾多賓客，
精心選擇一些有趣的宴會用飲品，
一定能讓宴會有個生動、活潑的開始。
從大杯提神的蘇打水淡酒，
到小杯強勁的烈酒，應有盡有。
本章節提供了一些創意調飲饗宴供您選擇，
包括許多以新鮮水果製作的綜合飲品，
來照顧那些不愛喝酒的朋友。

檸檬伏特加

檸檬伏特加的氣味非常類似美味可口的義大利檸檬酒，但請少量飲用，因為後勁十分強烈。把糖、檸檬和伏特加在一起攪打後，倒入瓶子裡存放於冰箱，隨時準備好可加上碎冰、蘇打或氣泡水飲用。把它滴在正在融化的香草冰淇淋上也很美味。

❶ 用榨汁機將檸檬擠汁，把果汁倒入水瓶中加入糖，充分攪拌至糖完全融化。

❷ 把加糖的檸檬汁倒入乾淨的瓶子，或瓶頸狹窄的水瓶中，加入伏特加，充份搖晃混合後冷藏，最多可存放2星期。

❸ 上桌時，在小杯子內裝滿冰塊，再將檸檬伏特加倒入即可飲用。

材料（十二至十五小杯份）

檸檬	10大顆
白砂糖	275克
伏特加酒	250ml
冰塊	適量

廚師的秘訣

純正清澈的伏特加酒，加上刺激性香味的檸檬汁，製成了極為誘人的烈酒，嚐起來就像是裝在瓶子裡的陽光。如果你喜歡，可以磨碎幾片薄荷葉放進杯子裡，再倒入伏特加酒，這會為飲料增添更多的美味與新鮮感。

蘋果泰司

就算是最難吃的蘋果，都可以打出不錯的果汁。任何蘋果汁添加新鮮薄荷糖漿和氣泡蘋果酒，都可轉變成宴會中令人愉悅的溫和低酒精飲品。你可自行控制每個杯子內要加多少氣泡蘋果酒，所以較容易控制酒精的飲用量。

材料（六至八杯份）

薄荷葉	
（另備薄荷嫩枝，作為裝飾）	25克
白砂糖	15克
食用蘋果	6顆
氣泡蘋果酒	1公升
冰塊	適量

❹ 上桌前加入冰塊和薄荷嫩枝，倒入氣泡蘋果酒即可。

廚師的秘訣

如果你希望製作不含酒精的飲料，可用氣泡礦泉水、薑汁汽水，或檸檬水取代氣泡蘋果酒。

❶ 以廚房用剪刀大略將薄荷葉剪碎放入耐熱水瓶中，加入糖後倒進200ml滾水，充分攪拌至糖融化，然後放涼。

❷ 把薄荷從糖漿中取出丟棄。去除蘋果心，切成差不多大小的塊狀，再放入果菜機裡打汁。

❸ 把蘋果汁和薄荷調味的糖漿倒入一個大水瓶中混合後冷藏（最好能放上一天，或至少1~2小時），隨時都可使用。

小紅莓蘋果氣泡水

別忘了關照那些不喝酒的賓客——他們通常只能喝一些調和飲品、汽水或白開水。這種色澤豐富又漂亮的冷飲，結合了濃郁香味的小紅莓、新鮮多汁的蘋果和精巧芬芳的香草。只要再加上氣泡礦泉水，保證能讓賓主盡歡。

材料（六至八杯份）

食用紅蘋果	6顆
新鮮或冷凍小紅莓（另備少許裝飾用）	375克
香草糖漿	45ml
冰塊	適量
氣泡礦泉水	適量

廚師的秘訣

要製作香草糖漿時，先將香草莢（豆子）、糖與水放在小平底鍋加熱至糖融化，再慢煮5分鐘，然後放涼。

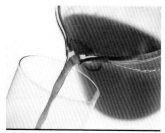

❶ 蘋果去心各切成4等份，果肉切塊以放入果菜機的置入漏斗口。再把小紅莓和蘋果塊放入果菜機打汁，接著把香草糖漿加入果汁後冷藏，直到需使用時再取出。

❷ 把果汁倒入玻璃杯裡，每杯加1~2冰塊，再加上氣泡礦泉水，並把額外的小紅莓串在雞尾酒棒（竹籤）上作為裝飾，即能享用。

粉紅無暇

你必須大量準備這種新鮮漂亮的飲品，因為賓客們將會一杯接著一杯暢飲。覆盆子和葡萄柚汁是很好的組合，還可以加入一點肉桂糖漿，中和水果的酸味。

材料（八個長玻璃杯份）

肉桂棒	1條
白砂糖	50克
葡萄柚	4顆
新鮮或冷凍覆盆子	250克
扇形西瓜塊	適量
碎冰	適量
裝飾用琉璃苣花	適量

廚師的秘訣

你可以用額外的水果或裝飾來為非酒精飲料增色，以讓它們變得更有趣。你也可用其他物品來取代西瓜，例如提供其他攪拌棒，如此，賓客就可以隨自己喜好，為自己的飲料增加甜度。

❶ 把肉桂棒、糖及200ml水放入一個小平底鍋中，文火加熱直到糖融化，沸騰後再滾1分鐘，待涼。

❷ 把葡萄柚去皮切塊，大小要能通過果菜機的置入漏斗口。把葡萄柚和覆盆子打汁，倒入有把手和嘴的小玻璃水瓶中

❸ 把肉桂從糖漿中取出，糖漿則加入有葡萄柚和覆盆子汁的水瓶中。

❹ 小心地把西瓜切成長薄片，放入8個高玻璃杯中，玻璃杯中裝入半杯碎冰，假使有準備，可灑上琉璃苣花。然後倒入粉紅色果汁即可飲用。記得附上紙巾，讓賓客們在吃西瓜時能擦拭。

櫻桃莓果香甜熱酒

這種甜美且富含水果的水果酒，是從傳統以暖調香辛料，以作為香甜熱酒的調味品所獲得的靈感，是種適用於烤肉或夏日宴會的新奇飲料。軟質的夏季水果，經打汁後產生了難以抗拒的風味。而添加的柳橙利口酒和香料，為本飲品帶來完美圓滿的口味與活潑的勁道。

❶ 把肉桂棒與丁香、糖和150ml水一起放入小平底鍋，文火加熱至糖融化，然後等到煮滾，再從爐子上取下放涼。

❷ 把草莓、覆盆子、櫻桃和紅醋栗輪流地放入果菜機中打汁，然後把果汁倒入一個大水瓶中。

❸ 把放涼的糖漿以篩子過濾後倒入果汁，並將利口酒一同倒入攪拌。以小玻璃杯盛裝上桌，並以櫻桃和紅醋栗做裝飾，如果你喜歡，還可用肉桂棒充當攪拌棒。

材料（八小杯份）

材料	份量
肉桂棒（切半）	2條
丁香	1湯匙
細黃砂糖	15克
草莓	300克
覆盆子	150克
去籽櫻桃（另備少許）	200克
紅醋栗（另備少許）	150克
康圖酒或橙類利口酒	60ml
肉桂棒作為攪拌棒	數枝

廚師的秘訣

一些櫻桃柄綁在紅醋栗的莖上，再掛上雞尾酒杯緣，這個特別的裝飾將使賓客們印象深刻。暖調香辛料和涼性的軟質水果令人訝異的搭調。這種特別、新奇的飲料，最適宜在戶外飲用，而且不加酒也一樣好喝。

248

自由古巴

蘭姆酒加可樂，呈現出一種精力充沛的氣氛，而柑橙類水果（萊姆）的香氣與熱力十足的加勒比海地區雞尾酒，肯定會撩起參加宴會的心情。現榨的萊姆有極佳的風味與香氣，是這種調飲飲品的主要口味，而當黑蘭姆酒與甜美且添加糖漿的可樂飲料結合時，更是產生了無限活力。

材料（八杯份）

萊姆	9顆
冰塊	適量
黑蘭姆酒	250ml
可樂	800ml

廚師的秘訣

如果你手邊沒有萊姆，可用現榨檸檬汁代替。

❶ 一顆萊姆切成薄片，其他的以榨汁機擠汁，把大量冰塊放入一個大水瓶中，冰塊周圍放萊姆片。

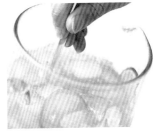

❷ 把萊姆汁倒入水瓶，再加入蘭姆酒，並以長柄湯匙攪拌，最後再加入可樂。以高玻璃杯盛裝飲料，並附上攪拌棒。

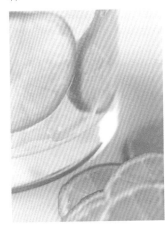

甜桃貝里尼

當桃子最美味、品質最佳時，就來製作這種傳統、令人讚不絕口的雞尾酒吧。醃漬的薑莖和桃子果汁冰塊，形成了不凡的纏綿口味，所以在供應飲料之前，多預留一點時間讓它們冷凍。此外，如果同時使用白蘭地酒和氣泡酒，酒精濃度可能太高，最後再加入氣泡礦泉水取代酒，或者捨去白蘭地只用氣泡酒都可以。事實上，任一種組合都同樣美味。

材料（八至十杯份）

醃漬薑莖（切片，約5塊）	75克
成熟桃子	6大顆
桃子白蘭地或普通白蘭地	150ml
氣泡酒	1瓶

廚師的秘訣

當水果冰塊逐漸融化，你將能嘗到桃子與薑的氣味在飲料裡化開。請慢慢飲用，好讓所有的氣味融合為一。

❶ 製冰盒的每個格子中，都放入1~2片薑。桃子切半去籽，放入果菜機中打汁，200ml的桃子汁加上100ml的水混合後，再倒入製冰盒冷凍。

❷ 凍硬以後，小心的把冰塊從製冰盒取出，分放在8~10個酒杯中，把白蘭地酒倒入剩餘的桃子汁中攪拌，即可享用。

熱帶風暴

威士忌酒和薑是所有的宴會飲品和雞尾酒中，最受歡迎的組合。無論是單獨飲用，或是與其它食材調合稀釋它強烈的味道，都令人回味無窮。當這種絕佳的提神創意飲品加上芒果和萊姆時，無庸置疑，會變得更加刺激帶勁。

材料（八個長玻璃杯份）

成熟的芒果	2大顆
木瓜	2顆
萊姆	2個
薑酒	150ml
威士忌或蜂蜜香甜酒	105ml
冰塊	
萊姆片、芒果與木瓜塊	適量
蘇打水	適量

廚師的秘訣

芒果和木瓜偶爾會沉澱於果菜機裡，無法輕易的倒入容器中。發生這種情形時，倒一點冷水至果菜機漏斗口內，即可改善。

❶ 從芒果果核平扁的兩邊芒果切成兩半。以湯匙挖下果肉並切下果核周圍的果肉，大略切塊。

❷ 木瓜切半去籽與皮，果肉大略切塊。萊姆削皮、切半。

❸ 木瓜切半去籽與皮，果肉大略切塊。萊姆削皮、切半。

❹ 在高玻璃杯內放入大量冰塊、扇形芒果與木瓜長條塊，以及萊姆片。倒入果汁直到杯子⅔滿，最後注滿蘇打水，即可飲用。

快樂每一天

就用這款超棒、富含水果的調飲來為仲夏派對的精采揭開序幕吧！加入許多夏季水果，並以提神味淡卻能輕易醉人的義大利檸檬酒調味——它是迎賓飲料的另一種選擇，可取代派對常用的那些飲品。

❶ 以叉子把紅醋栗從柄上摘下，預留50克。草莓去蒂，預留200克。剩餘的草莓與紅醋栗放入果菜機打汁，再倒入潘趣酒的玻璃大碗或水瓶中，加入利口酒攪拌均勻冷藏備用。

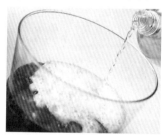

❷ 把預留的草莓切半，並和紅醋栗、大量冰塊和薄荷或香蜂草一起加到果汁中，最後加入檸檬水或冰淇淋蘇打水，即可飲用。

材料（八杯份）

紅醋栗	250克
草莓	675克
義大利檸檬利口酒	200ml
冰塊	適量
薄荷或香蜂草	1小把
檸檬水或冰淇淋蘇打水	1公升

廚師的秘訣

義大利檸檬酒是一種味道強烈、酒精濃度很高的義大利檸檬利口酒。單獨把它放在碎冰上飲用就很棒，但一般的用法是將它加到水果潘趣飲料中。如果你買不到義大利檸檬酒，可改用氣味芳香的柳橙利口酒，例如康圖酒或白蘭地橙酒（grand Marnier）取代。

白蘭地橙酒、木瓜和百香果潘趣

「潘趣」這個名詞,是從印度語「偏趣」(panch,意即「五」)而來,也就是傳統飲料的5種材料——酒、檸檬或萊姆、茶、糖和水。隨時代改變,這些材料可能略有更動,但是最好的潘趣飲品,仍然結合了烈酒與調味香料,上端再加滿純淨的氣泡水或果汁。

材料(十五杯份)

木瓜	2大顆
百香果	4顆
荔枝,剝皮去籽	300克
現榨柳橙汁	300ml
白蘭地橙酒或柳橙口味的利口酒	200ml
八角	8顆
柳橙	2小顆
冰塊	適量
蘇打水	1.5公升

❶ 木瓜切半去籽,百香果切半,把果肉糊用篩子擠壓過濾,放在碗中備用。

❷ 把木瓜放入果菜機打汁,加入100ml水,以幫助果泥糊流出。荔枝也打汁。把這些果汁與柳橙汁、利口酒和八角都加到碗裡。柳橙切薄片也加到碗裡,然後冷藏至少1小時使用。

❸ 把大量冰塊加到碗裡,再加入蘇打水,以杓子把飲料舀到潘趣酒飲品杯子或小玻璃杯,就能享用了。

蘋果香料啤酒

這款有趣的清涼水果飲料，讓淡啤酒展現了全新的風貌。它以現榨的蘋果汁來稀釋，並以薑和八角調味，是每個想在派對中輕盈漫步交談的人最棒的飲品。添加香料的蘋果汁，可在數小時前事先做好，放在供應飲品的水瓶中冷藏，就可隨時準備好招待客人了。

材料（八至十個長玻璃杯份）

材料	份量
食用蘋果	8顆
新鮮薑根	25克
八角	6整顆
淡啤酒（lager）	800ml
碎冰	適量

❶ 蘋果先各切成4等份並去心，再切成小塊以放進果菜機裡。薑大略切塊。先將一半的蘋果放入果菜機裡打汁，接著放入薑和剩餘的蘋果。

❷ 把105ml果汁與八角放入小平底鍋中，文火加熱至近乎沸騰，再倒入盛裝著其餘果汁的水瓶中，至少冷藏1小時。

❸ 把淡啤酒加入果汁中，輕輕攪拌以使泡沫散開，再倒入高玻璃杯內的碎冰上，即可享用。

黃瓜品氏潘趣

這款以現榨黃瓜汁、薑和蘋果調成，氣味強烈的飲品，絲毫不像它看起來或嚐起來那麼的簡單。在果汁上加入大量的酒，絕對是在懶散的夏日午後能盡情享用的飲品。如果你要在野餐時享用，只需將果汁冰得透涼，倒入真空保溫瓶中保溫，抵達目的地時，再注上冷藏的薑汁汽水，就能好好品味了。

② 剩餘的黃瓜削皮、切成大塊。大略把薑和蘋果切塊，先把蘋果放入果菜機裡打汁，再放入薑和黃瓜。將果汁倒入一個大水瓶（水壺）或碗中。

③ 把品氏酒倒入果汁中攪拌，再加入黃瓜片與檸檬片，以及薄荷和琉璃苣嫩枝，然後冷藏。

④ 供應飲料之前，把冰塊和琉璃苣花加到飲品中，上面再倒入薑汁汽水。以杓子舀至玻璃杯或有柄之玻璃杯中。

材料（十二小份）

黃瓜	1條
檸檬	1顆
新鮮薑根	50克
食用蘋果	4顆
品氏酒（Pimm's）	600ml
薄荷和琉璃苣的嫩枝	數枝
冰塊琉璃苣花	適量
薑汁汽水	1.5公升

① 切下5公分長黃瓜再切成薄片，檸檬切片，備用。

國家圖書館出版品預行編目資料

蔬果汁與冰沙事典 / 蘇珊娜・奧利佛（Suzannah Olivier）
著；康文馨譯. -- 二版. -- 臺中市：晨星，2019.08
　　面；　公分. --（Chef guide：6）

譯自：Juices and Smoothies

ISBN 978-986-443-891-4（精裝）

1.果菜汁 2.冰 3.食譜

427.46　　　　　　　　　　　　　　　108008883

Chef Guide **6**

蔬果汁與冰沙事典

作者	蘇珊娜・奧利佛（Suzannah Olivier）
食譜	喬安娜・費洛（Joanna Farrow）
翻譯	康文馨
主編	莊雅琦
執行編輯	劉容瑄、林莛蓁
封面設計	賴維明
美術排版	曾麗香

可至線上填回函！

創辦人	陳銘民
發行所	晨星出版有限公司
	台中市西屯區工業30路1號1樓
	TEL：(04)2359-5820　FAX：(04)2355-0581
	行政院新聞局版台業字第2500號
法律顧問	陳思成律師
初版	西元2006年8月31日
二版	西元2019年8月11日
總經銷	知己圖書股份有限公司
	106台北市大安區辛亥路一段30號9樓
	TEL：02-23672044／23672047　FAX：02-23635741
	407台中市西屯區工業30路1號1樓
	TEL：04-23595819　FAX：04-23595493
	E-mail：service@morningstar.com.tw
	網路書店 http://www.morningstar.com.tw
讀者專線	04-23595819＃230
郵政劃撥	15060393（知己圖書股份有限公司）
印刷	上好印刷股份有限公司

定價560元
ISBN 978-986-443-891-4